中国气象本科人才培养研究

——基于历史和现实的考量

李北群　著

本书是国家自然科学基金面上项目“面向精准教学的教育大数据关键技术研究——以大气科学专业为例”（61877034）的阶段性研究成果

科学出版社

北　京

内 容 简 介

人才是事业发展的基础。随着防灾减灾、应对气候变化、生态环境建设等国家战略的不断推进，气象事业的重要性日益凸显，气象本科人才培养问题亟待研究。本书共七章，从我国气象人才培养的历程入手，运用文献法、调查法、个案法、比较法等研究方法，详细分析气象本科人才培养的环境及需求、国内外新形势下气象事业未来发展的需要，并借助国内外高校气象人才培养的案例比较研究，厘清我国高校气象本科人才培养在目标、过程、制度和评价等要素层面存在的问题，进而全面探寻我国高校为气象事业未来发展培养适用性本科人才的路径。

本书主要读者对象为高校从事气象人才培养的教师和管理者，同时也能为全国气象行政和业务部门的工作者提供参考借鉴。

图书在版编目(CIP)数据

中国气象本科人才培养研究：基于历史和现实的考量/李北群著. —北京：科学出版社，2022.2

ISBN 978-7-03-060362-3

Ⅰ. ①中… Ⅱ. ①李… Ⅲ. ①高等学校–气象学–人才培养–研究–中国 Ⅳ. ①P4

中国版本图书馆 CIP 数据核字(2018)第 301012 号

责任编辑：王腾飞 曾佳佳/责任校对：杨聪敏

责任印制：张 伟/封面设计：许 瑞

科学出版社 出版

北京东黄城根北街 16 号

邮政编码：100717

http://www.sciencep.com

北京九州迅驰传媒文化有限公司 印刷

科学出版社发行 各地新华书店经销

*

2022 年 2 月第 一 版 开本：720×1000 1/16

2022 年 2 月第一次印刷 印张：12 3/4

字数：260 000

定价：99.00 元

(如有印装质量问题，我社负责调换)

前　言

人才是事业发展的基础，而人才培养则是高校永恒的主题。纵观中国气象事业发展的历史，高校的人才培养，尤其是本科层次的人才培养可谓至关重要。学界对这一问题的研究，却显得相当薄弱和缺乏系统性，即便已有的研究也多从行业角度论述，缺少学理性的分析。本书从我国气象人才培养的历史、现状与存在的问题入手，运用文献法、调查法、个案法、比较法等研究方法，通过借鉴历史上气象人才培养的成功经验，立足国内外新形势的发展尤其是中国气象事业未来发展的需要，并借助与国外高校气象人才培养的比较研究，力求厘清我国高校气象本科人才培养在目标、过程、制度和评价等要素层面存在的问题，进而全面探寻我国高校为气象事业未来发展培养适用性本科人才的路径。

借助人才培养的四要素理论，通过对北京大学、南京信息工程大学、中国海洋大学三所高校本科层次气象人才培养的案例分析，结合中国气象事业及人才队伍发展的趋势，并借鉴历史及美国、俄罗斯、日本等国高校气象本科人才培养的经验，本书认为，随着我国社会主义市场经济体制逐步确立和进一步发展、高等教育体制改革不断深化和高等教育大众化趋势日益增强，以及气象事业的现代化进程不断加快，我国高校气象本科人才培养在目标定位、过程实施、制度保障、评价机制等要素层面均在一定程度上不能适应中国气象事业对于人才的需求，而这种不适应性则主要体现在人才结构方面，既包括个体素质结构，也包括整体素质结构。

鉴于此，本书建议我国高校应适时启动气象本科人才培养的适应性改革，有些高校，如南京信息工程大学已经开始这一尝试；提升培养质量和水平，使高校气象本科人才培养与气象科技和业务服务需求紧密契合。首先，应根据国家气象事业发展需要和高校服务面向及学科专业优势定位人才培养目标。然后，应依据大气科学发展趋势和行业发展需求，优化学科专业结构，促进学科交叉融合，以拓宽专业“内涵”，增强学科自我调适能力。最后，应在整体知识观的指导下，更新课程内容，重新构建气象本科人才培养课程体系，以凸显气象本科人才培养的个性化、多元化和国际化特色。

作　者

2021 年 12 月

目　　录

第一章　绪　　论

第一节　气象人才培养研究及意义

一、气象人才培养研究的必要性

（一）气象事业现代化的迫切需求

气象事业源远流长，与社会发展、人民生活息息相关。早在远古时代，人类即已根据生产和生活的需要展开了对风、雨、雷、电等大气现象的观察和认识。随着时代的发展和科技的进步，气象科技水平已成为衡量当今世界各国现代化程度的重要标志之一。

中国是历史悠久的文明古国，也是人类气象知识的重要发源地，曾对气象现象的探索、气象科学的形成与技术的发展作出了历史性的重大贡献。当前，我国气象事业正在发生着深刻的变化，越来越具有高科技性、综合性和系统性的特征。其科研和业务领域已逐步涵盖天气、气候（气候系统）、气候变化等内容，呈现出多学科交叉融合的趋势，其服务内容也由传统的天气预报，转向开展天气、气候（气候系统）、气候变化和全球变化监测、预测、评估及对策研究。现代气象事业是由综合气象观测系统、气象预报预测系统、现代公共气象服务体系以及现代气象管理体系所构成，为经济社会发展、国家安全及国际合作等重大决策提供科学的依据。

党的十九大以来，中国特色社会主义进入新时代，“加快生态文明体制改革，建设美丽中国”的战略部署为气象事业现代化建设指明了方向。深入贯彻落实十九大精神对气象事业科学发展提出了新要求，统筹推进“五位一体”总体布局为气象事业科学发展开辟了新空间。当前，我国气象业务服务水平不断提升，应对复杂天气气候的能力明显提高，综合实力显著增强，正在从世界气象大国走向世界气象强国。经济社会的发展、人民生活水平的提高和国家利益的保障对气象事业的发展提出了新的更高的要求。中国气象局在《全国气象发展“十三五”规划》中提出基本建成气象现代化的目标，气象整体实力接近同期世界先进水平，气象保障全面建成小康社会的能力和水平显著提升。中国气象事业发展的指导思想主要是：全面贯彻中共十八大和十八届三中、四中、五中全会精神，深入贯彻习近平总书记系列重要讲话精神，按照“五位一体”的总体布局和“四个全面”的战略布局，牢固树立和贯彻落实创新、协调、绿色、开放、共享的发展理念，坚持公共气象发展方向，坚持发展是第一要务，坚持全面推进气象现代化、全面深化气象改革、全面推进气象法治建设、全面加强气象部门党的建设，突出科技创新和体制机制创新的双轮驱动，以气象核心技术攻关、气象信息化为突破口，以有序开放部分气象服务市场、推进气象服务社会化为切入点，推动气象工作由部门管理向行业管理转变，加快完善综合气象观测系统，全面提升气象预报预测预警水平，不断提高开发利用气候资源能力，构建智慧气象，建设具有世界先进水平的气象现代化体系，确保到2020年基本实现气象现代化目标，不断提升气象保障全面建成小康社会的能力和水平。①

气象事业是经济建设、国防建设、社会发展和人民生活的科技型、基础性、公益性事业，关乎国计民生。气象事业的公共气象发展方向是由其基础性、社会公益性质决定的，这体现了“以人为本”的思想，与人民生活息息相关，体现了面向全社会的内涵，渗透在为全社会各行各业的服务之中，事关经济发展的各个部门和社会进步的各个方面。而安全气象是新的国际经济政治格局下国家安全战略对气象事业提出的新要求，也是全球气候变化对我国气象事业提出的新要求。在经济全球化、政治多极化以及科学技术快速发展的新形势下，国家安全已不是传统意义上的军事安全和社会治安了，而是扩展到经济社会的各个领域，其内容已涵盖政治、经济、军事、外交、环境、资源等方面。“资源气象”是气象事业在新形势下生态文明发展的客观要求。随着科学技术的发展，人类对自然的认识也在不断深化，气象资源如雨、雪、风等皆成为可持续发展的重要资源。而丰富多彩、形式多样的天气、气候监测、预报及评估产品，正成为构建和谐社会不可缺少的生活信息资源。气象已与上述领域密切交织。总之，我国的气象事业对国家安全、社会进步具有重要的基础性作用，对经济社会发展具有很强的现实性作用，对可持续发展具有深远的前瞻性作用。[1]

（二）气象事业发展与人才的关系

气象事业自古有之，但受古代学科分类所限，虽有百科全书式的通才，却难

① 中国气象局 国家发展改革委关于印发《全国气象发展“十三五”规划》的通知. [2021-01-22]. https://www.ndrc.gov.cn/fzggw/jgsj/njs/sjdt/201609/t20160906_1194785.html?code=&state=123。

觅精通一科、擅长一术的气象专业人才，将之称为天（文）（气）象人才也许更为合适。随着生产力的发展、科技的进步，到了16世纪中叶，气象学开始成为一门真正意义上的学科，这为专门化的气象人才培养创造了条件。需要说明的是，这时的气象人才是指学科领域内的通才，因为他们可以相对综合全面地掌握整个气象学科的知识。到了20世纪60年代，随着各种新技术、新设备（尤其是信息技术、电子设备及卫星）的使用，气象事业有了突飞猛进的发展，其研究方法由一般性的定量研究发展为需要借助物理和数学方程，利用计算机进行大规模数值运算的数值模式研究，其研究范畴也逐渐突破传统气象学的窠臼，并进而拓展为一门新的学科——大气科学[①]。多样性的研究方法和宽泛的研究内容，使得气象科技的专业领域进一步细化，人们很难精通气象科技的所有领域，气象人才的专业化特点也更加突出。

随着国际政治多极化、经济全球化以及科学技术的迅猛发展，气象事业的发展面临着新的形势、新的机遇和新的挑战。人才资源是第一资源。发展现代气象业务，推进气象现代化建设，根本在于要有一支素质过硬、结构优化的高素质气象人才队伍。世界强国都把综合国力的支撑点落在“人才”之上，人才已成为重要的战略资源，在国际竞争中越来越显现出决定性意义。

21世纪以来，中国政府对于气象人才的培养也高度重视。2006年，《国务院关于加快气象事业发展的若干意见》中明确要求：各地区、各有关部门要高度重视气象工作，促进气象事业全面、协调、可持续发展。除此之外，还要求抓好气象人才队伍建设，加强气象人才教育培训体系建设，提高教育培训能力，开展全方位、多层次的气象科技教育，提高气象工作者的整体素质。可见，气象事业的发展同样有赖于人才的支撑，加强气象人才培养，尤其是高校气象本科人才的培养，是建立一支结构合理、素质优良的气象业务和科研队伍的必要前提。培养一批既能敏锐观察和分析国际科技动向，又有较强的科学技术创新能力，并具有国际影响的业务和学科带头人、工程技术骨干是气象事业发展的重要保证。

高等教育是高水平人力资源建设的基础，高校是高层次人才培养的载体，对于各类人才的输出，具有先导性、全局性的作用。气象高等教育是随着气象事业的发展而发展起来的，高校尤其是开设气象专业的高校，为我国气象事业的发展培养和输出了大批杰出人才，并因此积累了丰富的人才培养经验。

20世纪40年代，竺可桢等老一辈气象学家在浙江大学、国立中央大学（南

---

①如无特殊说明，本章及以后章节中所使用的“气象学”或“气象科技”等名词在学科范畴上等同于大气科学。

京大学前身)、清华大学等高校设立气象学专业，培养出了赵九章、程纯枢、郭晓岚、叶笃正、谢义炳、陶诗言、黄士松、高由禧和顾震潮等一批杰出气象学家，为新中国气象事业的建立打下了良好的基础。为了加快气象专业人才培养，1953 年，中央军委气象局成立了气象干部学校，1955 年更名为中国人民解放军气象专科学校。1960 年中央气象局决定组建北京气象专科学校、成都气象学校，并在南京大学气象系的基础上成立南京大学气象学院，专门培养气象专业人才。1963 年南京大学气象学院改名为南京气象学院，由中央气象局直接管理。此后，南京大学、北京大学、北京农业大学、中山大学、兰州大学、中国海洋大学、浙江大学、云南大学、中国科学技术大学、沈阳农业大学等一批高校相继成立气象类院系或设立气象类专业，涵盖天气动力学、气候学、大气物理、大气探测和大气遥感、大气环境、农业气象等多个专业，形成了由部门管理的学校培养为主、综合性大学为重要支撑的中国特色气象教育体系，对推进我国气象事业的建立和发展发挥了关键作用。

2015 年，教育部与中国气象局联合印发了《关于加强气象人才培养工作的指导意见》(教高〔2015〕2 号)，既立足当前，又着眼长远，提出了加强新时期气象教育和气象人才培养工作的定位、思路和措施[①]。我国的气象高等教育走向新的发展阶段。

（三）现代气象本科人才培养面临的新形势、新要求

当代气象事业发展的新趋势可以概括为四个方面，即全球气候变化加剧、高新技术设备广泛使用、学科交叉趋势突出以及国际合作广泛等。

一是气候变化问题已引起全世界的广泛关注，成为当今人类社会亟待解决的重大问题。2014 年发布的 IPCC 第五次评估报告（AR5）第二工作组报告指出，气候变化已对水资源、陆地和海洋生态系统、农业、农村和城市、人类健康与安全、人们的生计等造成影响，从热带到两极、从小岛到大陆各地区、从最富裕国家到最贫困国家，气候变化的影响遍及全球各个区域。我国是发展中国家，人口众多、气候条件复杂、生态环境整体脆弱，正处于工业化、信息化、城镇化和农业现代化快速发展的历史阶段，气候变化已对粮食安全、水安全、生态安全、能源安全、城镇运行安全以及人民生命财产安全构成严重威胁，应对气候变化任务十分繁重。随着气候变化异常，极端天气气候事件频现，强度陡增，损失也越发

---

① 教育部 中国气象局《关于加强气象人才培养工作的指导意见》. [2018-11-22]. http://www.moe.gov.cn/srcsite/A08/s7056/201502/t20150210_189345.html。

严重。世界各地区都将受此影响，而受冲击最强烈的国家将是发展中国家。2015 年 12 月，近 200 个国家一致同意通过《巴黎协定》，共同应对气候变化带来的挑战。中国坚定支持和落实气候变化《巴黎协定》，展现出“负责任大国”的担当，为此需要有气象事业和气象高等教育的高水平发展做基石。

我国是世界上气象灾害最严重的国家之一，灾害种类多、分布地域广、发生频率高、造成损失重，与极端天气气候事件有关的灾害占自然灾害的 70%以上[①]。中国每年因气象灾害造成的直接经济损失占 GDP 总量的 3%左右，还有不同程度的人员伤害。随着近年来极端天气气候事件呈现频率增加、强度增大的趋势，全社会更加需要全面提升抵御自然灾害的综合监测和防范能力。因此，中国气象事业不仅承担着预测预报任务，更有防灾减灾，甚至在国际交涉中维护国家主权的使命。

二是高新技术及仪器设备得到快速发展和广泛应用。如今，借助航天飞船、卫星、飞机、雷达和海洋浮标等仪器设备和技术手段，气象探测的范围大大拓展，精度也显著提高。其他诸如信息高速传输系统、超级计算机、人工影响天气技术、新型催化技术、人工固碳技术等的建立和使用，有力地推动了气象事业的发展。此外，随着互联网发展，气象信息化智能化程度越来越高，推进云计算、大数据、物联网、移动互联网等技术的气象应用不断发展；基于标准、高效、统一的数据环境，建立天气预报、气候预测、综合观测、公共气象服务、教育培训以及行政管理等智能化、集约化、标准化的气象业务和管理系统；以信息化为基础，满足不同用户需求，加快构建和发展智慧气象，实现观测智能、预报精准、服务高效、管理科学的气象现代化发展模式。

三是学科交叉融合逐渐加深。适应气象事业发展需求，气象学科内部各学科之间，气象学科与公共管理、法学等学科之间，气象学科与其他自然学科、工程学科之间交叉与整合加速进行，气象学科正在突破传统的局限，向更加广阔的学科领域发展，单一的理科已经无法涵盖气象学科的所有领域。气象科学发展至今时今日，已不再限于大气科学或地球科学领域，而是与社会科学（如管理学）、人文科学（如艺术学，甚至文学）等学科领域相互交叉，深度融合。

四是国际合作互动频繁。在全球气候变化背景下，气象学科发展日趋全球化，信息技术飞速发展，国与国之间气象的关联度不断上升，各国就防御极端天气气候事件、应对气候变化等全球性问题及本国所关注问题的合作与博弈不断强化。

---

① 极端天气偏多，前十月中国气象灾害直接经济损失近五千亿. [2017-01-22]. https://www.thepaper.cn/newsDetail_forward_1555323。

同时学科的融合必然促进学术与业务的交流与合作。如世界气象组织、世界天气监视网、全球大气监测计划、全球气候观测系统和全球综合对地观测系统等组织和体系的运转，都需要国际广泛合作。

因此，建立适应时代发展的高水平气象人才队伍是中国气象事业发展新趋势的必然要求，也是在日益激烈的国际竞争中获取主动的必要条件。然而，我国高层次气象人才队伍的现状却不尽如人意，主要表现为结构失衡（包括年龄结构、学历结构、职称结构、专业结构、学科结构）和能力不足。总而言之，当前我国能适应气象事业跨越式发展，掌握现代化装备和技术要求的高层次人才明显不足，具备多学科交叉研究和业务能力的人才更为缺乏[1]。有资料显示，在气象科技水平十分发达的美国，有相当数量的知名气象学者具有物理、力学、数学、化学甚至社会科学背景，从而有力地推动了大气科学的学科融合和发展，甚至对地球系统科学和可持续发展科学的诞生与发展也起到了积极作用。可见，高层次专业人才是在通博基础上的精专，既对本专业领域内精通，又能对相关学科的基本知识和前沿领域有广泛的了解和研究。

反观我国，突出表现为：气象部门人才队伍结构不尽合理，高层次人才不足，知识层次偏低；人才队伍地域分布不平衡，中西部地区高层次人才尤为缺乏。截至2016年底，全国气象部门编制内用工57355人。有研究生学历的人数为7424人，占总量的13%；本科学历33811人，占总量的59%。可以看出，具有研究生学历的高层次人才在全国气象部门中比重偏低，尚有近三成人员不具有本科学位。因此，高层次人才短缺问题目前已成为制约中国气象事业发展的瓶颈。

但是，近年来随着社会的转型、体制的改革、高校的扩招以及气象事业的发展，高校的生存环境和发展空间发生了巨大的变化，以致对高校气象本科人才培养造成了强烈的冲击。目前，我国高校气象本科人才培养出现的主要问题有：目标定位不准；教学过程落后且脱离实际；学生实践能力不足。应该说，我国高校气象本科人才培养，渐与行业实际需求相脱节，学生难以胜任实际工作需要，更难以胜任气象事业未来发展的需要，这既造成了高等教育资源的浪费，也给中国气象事业未来的发展带来了隐忧。

综上所述，总结历史规律，立足事业需求，借鉴国外经验，对我国高校气象本科人才培养问题与对策进行深度剖析和系统研究，是一个亟待解决并有重要理论和实践价值的课题。

二、气象人才培养研究的重要意义

气象人才培养研究具有重要的历史意义与时代价值。首先，我国正处于实现“两个一百年”奋斗目标的历史交汇期，高等教育要为人才强国、科技强国、气象强国目标提供源源不断的动力支撑，而创新人才就是实现“两个一百年”奋斗目标的第一动力。通过对我国气象本科人才培养的历史研究，对我国高等次气象人才培养的起源、变迁、影响因素以及基本规律进行总结梳理，为当今气象本科人才培养提供借鉴。其次，我国气象人才队伍建设现状与存在问题决定了我国气象本科人才培养研究的紧迫性与必要性，通过考察我国气象人才队伍建设的现状，了解其中问题，并进而深入剖析气象事业改革发展过程中的人才需求趋势，为高校气象本科人才培养提供指导方向。然后，国外气象类高校本科人才培养的模式与经验可以为我国气象本科人才培养提供借鉴经验，通过中西对比、借鉴优势提升我国气象本科人才培养质量与水平。最后，通过对我国高校气象本科人才培养的研究，可以为其他行业特色高校的本科人才培养提供可资借鉴的经验、理论和方法，进而在一定程度上丰富与拓展我国高等教育人才培养的理论与实践。

第二节 相关概念的界定

一、对于研究时间、空间的界定

从研究时间来看，气象人才培养的历史源远流长，因此本书对我国古代气象相关人才培养、近代气象本科人才培养、中华人民共和国成立及改革开放后的气象本科人才培养皆略着笔墨，但这不是本书重心所在。本书主要致力于当前高校气象本科人才培养的研究，重点探讨 21 世纪以来，在经济社会及气象事业发展的大背景下，如何应对我国气象人才队伍建设中存在的问题，探明高校气象本科人才培养的现状、问题、原因与适应性改革路径。

从研究空间来看，由于历史原因，港澳台地区高校气象本科人才培养特点迥异，且皆有研究价值。但囿于笔者学力，且资料难以充分掌握，因此本书主要以中国内地（大陆）高校的气象本科人才培养为研究对象，港澳台地区高校气象本科人才培养不在本书的研究范畴之内。

二、对于高等学校概念的界定

高校通常意义上是高等学校的简称，即高等学校系统，包含了各级各类高等学校。高等学校与高等教育有所区别，高等教育是整个教育活动中的一种，是一种培养人的社会现象，是“在完成高级中等教育基础上实施的教育”；而高等学校是学校的一种，是实施高等教育的机构。“高等教育由高等学校和其他高等教育机构实施。大学、独立设置的学院主要实施本科及本科以上教育。高等专科学校实施专科教育。经国务院教育行政部门批准，科学研究机构可以承担研究生教育的任务。其他高等教育机构实施非学历高等教育。”①因此，在我国，高等学校主要是指普通高等学校，普通高等学校主要有大学、独立设置的学院和高等专科学校，其中包括高等职业学校和成人高等学校。本书主要以普通高等学校中的大学所实施的气象本科人才培养为研究对象。

三、对于气象专业内涵的界定

根据教育部高等教育司 2012 年颁布的《普通高等学校本科专业目录》的规定，中国大学的本科专业分为门（也称门类）、类（也称二级类）、专业（三级），门下设类（二级类），类下设专业，专业是本科人才培养的最小单位。专业门类共计有哲学、经济学、法学、教育学、文学、历史学、理学、工学、农学、医学、管理学、艺术学 12 个（无军事学）；门下设有 92 个二级类，506 种专业。其中，与气象有关的大气科学类，设在理学门类下，含大气科学和应用气象学两个专业。因此，通常意义上人们所说的气象专业实际上是大气科学专业和应用气象学专业的统称。

四、对于本科教育范围的界定

本科（undergraduate education）是高等教育的中级层次，属联合国教科文组织《国际教育标准分类》的第三级第一阶段（授予大学第一级学位或同等学历证书）教育，与专科层次、研究生层次的人才培养构成高等教育内部的三个层次，是高等教育的主干部分，实施本层次的通识教育及有关某一专门领域的基础和专业理论、知识和技能教育，修业年限一般为四年。[2]

---

① 《中华人民共和国高等教育法》. [2021-06-12]. http://www.npc.gov.cn/npc/c30834/201901/9df07167324c4a34bf6c44700fafa753.shtml。

五、对于人才培养概念的界定

人才培养是高校的基本职能。正如潘懋元先生所说："高等学校三个职能的产生与发展，是有规律性的。先有培养人才，再有发展科学，再有直接为社会服务。它的重要性也跟产生的顺序一致，产生的顺序也就是它的重要性的顺序。应该说，第一，培养人才，第二，发展科学，第三，直接为社会服务。"[3]《中华人民共和国高等教育法》也明确规定"高等学校应当以培养人才为中心"。

就人才培养而言，对其下一定义，首先需界定人才的概念。《国家中长期人才发展规划纲要（2010—2020年）》对人才概念做了一个简明扼要的界定，即"人才是指具有一定的专业知识或专门技能，进行创造性劳动并对社会作出贡献的人，是人力资源中能力和素质较高的劳动者。人才是我国经济社会发展的第一资源。"①据此，可以推论本书所指的气象本科人才应为接受本科层次的学历教育，具有气象专业知识或专门技能，能够在气象行业领域进行创造性劳动并对社会作出贡献的人。

人才培养模式是人才培养理念的具体体现，只有在一定的人才培养理念下，才会形成相应的培养模式，才会形成人才培养要素之间的有效组合和搭配[4]。而本书的气象本科人才培养即指高等学校为使个体达到本科学历要求，使其具备气象专业知识或专门技能，能够在气象行业领域进行创造性劳动并对社会作出贡献，同时根据相关制度的规定，运用教材、实验实践设施等中介手段，相互配合，以一定方式从事教学活动的过程。参考有关学者的研究，笔者认为，人才培养应包含培养目标、培养过程、培养制度和质量评价四个基本要素。

第三节　气象本科人才培养的研究溯源与发展

回顾与总结前人的研究成果，有利于明确该研究领域已取得的成果与不足，并据此明晰今后的研究方向和研究重点。本书拟以学界对于人才培养的研究为切入点，立足于国内外气象人才培养已有的研究成果，聚焦于当前我国高校气象本科人才培养研究，进而对气象本科人才培养研究的现状作系统梳理和分析。

---

① 国家中长期人才发展规划纲要. [2017-01-22]. http://www.mohrss.gov.cn/SYrlzyhshbzb/zwgk/ghcw/ghjh/201503/t20150313_153952.htm。

一、关于国外高校气象人才培养的研究

（一）国外高校人才培养模式

人才培养作为高校的基本职能之一，历来是高等教育研究的主要内容。相对而言，国外对于高校人才培养的研究起步较早，并与大学的发展历程紧密联系，其观点主要体现在对有关大学教育教学各个环节要素的探讨和论述中。美国高等教育学家布鲁贝克认为，在西方大学发展的历程中，其人才培养主要在两种高等教育哲学的指导下：一是认识论，也就是以人的性格陶冶和心智开发为主要目的大学教育；二是政治论，是以满足社会需求为培养目的的大学教育[5]。19 世纪英国高等教育思想家纽曼在《大学的理想》中写道，“大学的人才培养应该是人类心智的培育和开发”，“至于实用技能和职业技巧，可以通过在具体的生活情景中获得实际经验”[6]。他的这一思想影响了西方整个 19 世纪的大学人才培养。随着科学革命和产业革命的兴起，大学的人才培养目标也发生了变化，博雅教育日渐式微，专业教育兴起。美国著名的高等教育学家弗莱克斯纳认为，“现代大学不可能培养百科全书式的通才，而只能培养专才，以应对专业分工所产生的各种社会需要”[7]。随着人类社会现代化的加速发展，鉴于专业教育对人的全面发展的忽视，有些外国学者提出大学应该以自由教育和普通教育为主，应加强学生人文素质和道德素质的培养。美国芝加哥大学前校长赫钦斯认为，大学教育的目的应是向学生传授那些蕴藏在某些古典名著内的永恒的东西，大学教育的关键是开发人的心智，智力上的优越性超过其他任何方面[8]。西班牙著名学者奥尔特加·加塞特则认为，人才素质在结构上包含三方面内容：其一是文化素质，其二是科学素质，其三是专业素质[9]。因此，大学应该开设那些向学生传递人文社会科学知识、普通知识、专业知识的课程。当前，通识教育与专业教育相结合的复合型人才培养模式正日益受到青睐，在具体操作层面上则表现为美国的专业式和协作式、英国的学院制、德国的学徒式和双元制，以及俄罗斯、瑞典等国家的合同制等。

（二）国外高校气象人才培养

就国外气象人才培养而言，通过检索中国知网 CNKI 数据库（1911～2018 年）发现相关文献很少见。其中，《美国气象教育调查简讯》为我们提供了 20 世纪 70 年代美国高校培养的气象人才的就业趋势，其中提到：20 世纪 70 年代近 10 年所调研的美国高校气象大专毕业生中有 35%从事气象工作，37%继续深造成为高

级气象技术人才，15%到部队，13%不能胜任气象业务要求，改行从事其他领域的工作。2715 名大专毕业生中，大约 1/5 的人到政府机关，主要是美国气象局工作，1/10 的人到私人企业单位工作，1/2 的人到城市机关或州机关工作[10]。这份资料虽然反映的是 20 世纪 70 年代的情况，但为本书的资料收集工作及比较研究提供了明确方向。史国宁的《关于气象科技人员教育培训的国外现状分析和几点建议》中提出，随着气象科学的飞速发展，国外在气象人员的教育培训工作方面也有了很大变化，表现在：气象院系的设置和教学计划充分体现出气象学的多学科交融的特点，各大学气象系的课程设置有利于实现“通才”和“专才”培养并重的综合教育思想；国外各大学气象系的课程设置中基础课所占的比重迅速增大；各国普遍重视气象科技人员的在职培训；严格的考试制度。此外，史国宁还针对上述四个方面对国内气象科技人才的培养提供了宝贵的建议[11]。刘新安的《日本高等农业气象教育状况及其启示》中提出，日本的大学教育是以职业的技术振兴为培养目标，强调培养开发创造型人才，以适应经济高速发展的需要。日本大学中设有农业环境工程一类研究室的有 16 所，设有农业气象一类研究室的有十几所。其中以北海道大学、东京大学、千叶大学、大阪府立大学、九州岛大学、筑波大学、京都大学、山口大学、冈山大学等较有名，这些大学均招收硕士研究生，其中前 5 所大学还招收博士研究生。在农业气象教育上，人才培养具有下列特色：强调基础教育，以适应同一专业多种职业面向的社会现实；大学融教学、科研于一体，学生专业实践时间多，实际动手能力强；多学科交叉渗透，形成多色彩的农业气象教育[12]。高学浩和王卫群的《美国气象继续教育与培训发展的现状与特点》中提出，美国气象事业是社会公益性事业，其在经济建设、社会发展和国家安全方面均发挥着重要作用，历来受到美国政府的高度重视[13]。当前，美国的气象科技、业务及气象服务水平和能力居于国际领先地位。自 20 世纪 90 年代至今，美国气象部门已经完成了对气象卫星业务系统、天气雷达业务系统以及自动站观测系统的更新，并建有先进的计算机和通信网络系统，利用数值预报模式所进行的天气气候与环境预报也向着无缝隙预报的方向发展。究其原因，人才队伍建设可谓功不可没。该文还从美国国家天气局培训体系的结构、任务分工和管理，美国国家天气局培训机构基本情况，气象业务、科研与继续教育、培训等方面一一剖析，认为学习美国气象部门在气象人才培养方面的先进经验，对于加快中国气象人才队伍建设具有重要意义。这些文章虽未完全切中本书的研究对象——气象本科人才培养，但在资料、研究方法和观点等方面均对本书有可资借鉴之处。在俄罗斯，高级气象人员由 13 所高等院校负责培养，其中综合性大学占 11 所，另有 2 所单科性水文气象学院。李纯成指出，早在 20 世纪 30 年代，苏联就创立了世界上第一所专业的气象高等教育学府；80 年代到 90 年代初，俄罗斯在水文气象领域经过迅速的发展，达到自身发展的高点，时至今日仍在国际气象界占有重要地位。俄罗斯的气象发展历经 300 多年，气象知识的宣传普及和专业化教育从始至终贯穿其间，自开展气象观测开始就十分注重出版各类期刊和专著，同时开办了一批专业技术学校，始终将人才的教育和培养放在科学进步与发展的首位[14]。

通过检索国外气象有关网站及其研究机构、AMS（美国气象学会）电子期刊，可以获得部分资料。经过整理发现，国外气象人才的培养，一方面与大学教育理念的发展密切联系，另一方面与气象科学的发展息息相关。19 世纪末到 20 世纪初，大气科学教育，包括大气科学及相关学科的学位教育、在职人员的继续教育及培训和大气科学普及教育等多个方面，一直是世界各发达国家十分关注的课题。这是因为：一方面，大气科学自身走向成熟，不仅建立在近现代物理科学坚实的理论和更为可观和全面的观测事实之上，而且通过数值模拟和信息处理等新技术的全面应用，发展了地球科学理论的应用，为天气预报的时效性和准确性的提高奠定了基础；另一方面，大气科学已经成为地学领域最为活跃的学科之一，大气科学家最早建立的地球不同圈层之间相互作用的理念和大气科学中率先发展的描述各种过程的同化技术，让大气圈层和大气科学成为地球环境系统和相关研究中唯一联系其他所有圈层和人类活动的重要领域和核心及领头学科。大气科学人才培养在很大程度上，决定了国家在地球环境这一重要领域的理论和应用研究的学术地位。袁凤杰和贾明群指出，美国是目前世界上公认的大气科学研究和气象环境预报服务的强国，其从第二次世界大战结束以后突飞猛进的发展，为大气科学从 20 世纪后半叶开始成为世界上成熟和最有活力的自然科学学科之一作出了极大的贡献。其中，美国大气科学教育，包括在大学和研究机构里进行的学位教育和成人教育培训，对大气科学的发展起到了不可替代的作用。在美国及其他发达国家，大气科学教育和气象业务人员培训的高投入、灵活的育人机制和广泛的咨询决策体系是使教育和培训达到预期效果的措施保证[15]。

大学在气象专业人才培养中一直占据着重要的地位。在美国，气象人才的培养由 90 多所设有气象系的综合大学承担①。这 90 多所大学的气象系有半数以上培养研究生，授予硕士和博士学位。各大学内部气象系与其他系之间，不同大学气象系之间以及大学与各研究单位之间人员交流和学术交流频繁。到 2015 年，美国有近 100 所大学中包含大气学及相关学科学位教育，其中有博士学位授予资格的共 65 所，有硕士和学士学位授予资格的大学分别有 78 所和 73 所，能够培养从

①美国没有单科性的气象高校。

学士到博士所有层次人才的大学有40多所。随着大学教育从精英教育向大众教育转化，以及科技的发展、知识经济的到来，美国大学气象人才培养也面临着前所未有的挑战，大气科学和相关学科教育必须为培养未来从领导者到普通市民各种人员应对与自然环境有关的各种问题做好准备。大气科学和相关学科教育，在纵向上看，必将更多地与其他自然科学乃至社会科学相关学科高度融合；从横向上来讲，教育对象也要走高校与中小学紧密联系，学生与公众共同受益，以及正规教育与继续教育、培训和科学认知普及教育多管齐下之路。为此，必须加强教育改革，如在所有教育层次上开展合作研究和实践，创建并使用强调地球科学多学科融合的教学材料以及在不同的教育获益人之间建立伙伴关系——包括政府机构、大学和学院、学校和博物馆，利用最新计算机网络技术、重视实践知识和能力培养等几个方面开展富有成效的探索。

20世纪末，美国开设相关专业的近100所大学中各类大气科学专业课程教育和人才培养理念在发生着重要变化并呈现出三个明显趋势：第一，大气科学和相关学科的大学教育与天气、气候等预报应用和模拟研究等实践内容更为紧密地联系在一起，大气专业的教学机构也在充分利用大气科学贴近生活的优势，努力拓展和扩大影响，吸引更多学生关注和参与各种教学活动；第二，美国的大气科学学位授予机构大多是综合或研究型大学，这就使得这些学校有可能将大气科学课程更好地放在多学科，尤其是海洋、地球物理、水文和环境资源等学科的背景下开展，不仅减少了对教师队伍人数的要求，还使学生获得了更广泛的相关知识和研究技巧，有效地提高了教学质量；第三，美国大学的大气科学和相关学科教育，已经与更多的机构，如联邦政府、学术组织甚至企业建立了广泛的协作机制，这种机制的建立，不仅有效地缓解了高层次人才教育经费和就业方面的压力，而且有助于学生尽快融入各种工作环境之中，更有效和更快速地成长、成才。[16]

二、关于国内高校气象人才培养的研究

（一）国内人才培养模式

人才培养实际上是一项复杂的系统工程，涉及学校教育的方方面面。关于高校人才培养问题的探讨，我国高等教育的实践工作者、理论研究者和政府管理层都曾对此做过不同程度的尝试。国内关于人才培养的研究比较丰富，通过检索中国知网CNKI数据库（1911～2018年），共计33234篇文献，其中，1959～1979年共计5篇文献，其余文献皆为1980年以来的。其中，人才培养模式是人才培养研

究领域的热点问题，在人才培养的有关文献中，涉及人才培养模式的文献共计15578 篇。所谓人才培养模式，是对培养过程的一种设计、构建和管理，是“培养怎样的人”和“怎样培养人”的有机统一。经过梳理人才培养模式的有关文献，择要进行概述，发现其研究内容主要涉及以下几个方面。

1. 关于我国人才培养模式发展阶段的研究

有学者认为，新中国成立后我国高校人才培养模式大致经历了以下三个阶段：

第一阶段是新中国成立初期至 20 世纪 80 年代初期，这是知识型人才培养模式阶段。这一阶段高校人才培养主要呈现以下特点：国家统一制定教学计划、教学大纲、课程及教材；以专门人才作为高校的人才培养目标，偏重学生知识和技能的培养；学生培养与行业需求对接；围绕教师、教材，以专业为教学单位，进行灌输式教学；普遍认为知识丰富、学问高深是人才的表征，以知识多寡作为评价人才优劣的重要指标，甚至是唯一标准。[17]

第二阶段是 20 世纪 80 年代初期至 80 年代中期，这是知识、能力型人才培养模式阶段。这一时期的高校人才培养主要呈现以下特点：偏重学生智力发展与能力培养相结合。这在一定程度上是受到了国际高等教育发展趋势的影响，同时国内用人单位对大学生能力产生怀疑，从而促使人们重新反思以往重知识传授轻能力培养的片面性与危害性。其次，提倡人才培养的宽口径。有些大学探索出了新的人才培养形式，如产学研等。[18]

第三阶段是 20 世纪 80 年代中期至今的知识、能力、素质型人才培养模式阶段。该模式的特点是强调学生知识、能力、素质的全面发展，也就是智力因素和非智力因素和谐发展。在强调知识与能力培养的同时，重视大学生非智力因素，如思想、道德、品质、心理、生理等，这符合教育全面发展的目的，否则将难以培养出创新型人才。因为大学生的创新能力是智力特征、人格特征和精神状态的综合体现，倘若缺乏这些非智力因素的培养，学生很难形成创新能力。“创造素质是人才的核心素质。能力教育、素质教育、创新教育，在人才培养中可以形成巨大的合力。”[19]在国际竞争日益激烈、科技发展日新月异的形势下，我国迫切需要培养大批创新型人才。我国高校对此也做了大量有益的探索，如武汉大学的创新、创业、创造的“三创”人才培养，高等工程人才培养与跨学科课程交叉培养等。

2. 关于人才培养模式的内涵与要素的研究

李亚萍和金佩华在《我国高校本科人才培养模式理论研究综述》中提出，在我国，关于人才培养模式的理论研究还处于摸索、探究的阶段，对于人才培养模式的内涵、外延和特点还尚未形成科学的定论。到目前为止，有关人才培养模式内涵研究颇具代表性的观点可以概括为狭义论、泛化论、中介论和状态论[18]。而刘献君和吴洪富在《人才培养模式改革的内涵、制约与出路》中提出，目前学术界对人才培养模式的定义主要有过程说、方式说、方案说、要素说、机制说，进而提出这些学说之间的一致性：①人才培养模式具有目标性。从表面上看，尽管学者对人才培养模式的定义有着巨大的差异，但是他们都承认人才培养模式本质上是人才培养目标的实现。②人才培养模式具有相对稳定性。无论是方案说、过程说还是要素说，他们都承认人才培养模式具有相对的稳定性，人才培养模式的本质就是将人才培养形成一种固有的机制，也即人才培养活动规范化、制度化。因此，人才培养模式不能够随意变化，否则会造成人才培养活动的断裂。③人才培养模式具有发展性。人才培养模式具有稳定性并不是说人才培养模式一旦形成就不再改变，而是说人才培养模式不能随意改变，应该保持人才培养的连续性。但是，伴随着社会的发展和人才培养环境、条件的改变，人才培养模式也是变化的[4]。聂建峰从大学教学活动包含的五个基本构成要素，即培养理念与目标、培养双主体、培养载体与内容、培养方式、培养评价来构建人才培养模式[20]。

3. 关于人才培养模式多样性的研究

杨杏芳在《论我国高等教育人才培养模式的多样化》中从我国高等教育人才培养模式存在的突出问题及人才的主要缺陷出发，论证了高等教育人才培养模式多样化的理论依据及其现实必然性，并在此基础上对实施多样化的人才培养模式的基本思路提出了初步构想[21]。何建平等在《关于人才培养模式及其多样化嬗变研究》中对本科人才培养模式多样化的内涵、理论依据及其现实必然性进行了论证，并在此基础上对人才培养模式多样化的表现形式进行了阐释。文章提出，人才培养模式多样化的内涵就是因地制宜地组合人才培养模式的构成要素，使之成为适应社会发展和经济变化需要的、适应不同类型和层次人才需要的多种多样的人才培养模式，并且具有多样性、动态性、特殊性的特征。因此，不同的高校可根据自身办学实力与条件，结合社会需求进行科学的战略目标定位，构建合适的人才培养模式，形成自身的办学特色[22]。高等教育人才培养模式多样化受教育外部规律的策动、成长规律的驱动。人才培养模式的多样化包括：高等学校办学定位的多样性；人才培养目标的多样性；培养途径、专业与课程设置的多样性；教学方法、教学手段的多样性；具体教育、教学管理方式的多样性等[23]。

4. 关于人才培养模式改革的研究

张岩峰和王孙禺在《迎接21世纪：我国高等教育人才培养与体制改革研究现状综述》中提出，从20世纪80年代末开始，如何迎接21世纪的挑战已成为我国高等教育研究的一个热门话题，各方人士对此进行了积极、深入、热烈的思索和探讨，这种现象可称之为高等教育研究“世纪末的思考”，并对新世纪高等教育人才培养与体制改革进行研究和展望[24]。万德光和王德蕨在《高等教育人才培养模式改革研究综述》中系统探讨了人才培养模式改革的必要性和重要性，提出面向21世纪的高等教育人才培养新模式，是在我国高等教育以往人才培养工作的基础上发展起来的。在培养模式改革中，必须将自己的优秀的东西继承下来，我们强调要大胆抛弃那些已被实践证明是过时的、不适宜的东西，彻底改革其弊端，但不是否定一切。对国内外关于人才培养模式改革的一切新的科学成果，都要积极地加以研究和采纳，同时鼓励在正确的教育方针的指导下，大胆地进行尝试，在实践中不断地总结提高，以推动培养模式改革的研究和实践[25]。也有很多学者针对新形势开展人才培养模式改革的研究，如钟秉林和方芳提出“慕课”发展与大学人才培养模式改革[26]，李北群和华玉珠提出开展协同创新模式的改革[27]，等等。

（二）国内高校气象人才培养

人才建设在气象事业的发展中居于核心地位。然而，检索中国知网CNKI数据库（1911～2018年）发现，关于气象人才培养和气象教育的研究论文极为少见。针对这种情况，笔者多方面开展了气象教育和气象人才培养资料的搜集，主要包括：档案室收藏的档案资料为新中国成立后气象人才培养研究提供了一手资料；《中国气象史》等通史性气象研究专著为研究中国气象事业发展（包括气象人才培养）的整体概貌提供了基础；中国气象局编撰的大型资料性工具书——《中国气象年鉴》，提供了从1986年到2018年，全国气象部门及有关单位的业务、科研、教育等方面的基本情况及进展，全国天气气候综述与影响评价，以及气象服务的社会经济效益，为本书提供了最近30多年来中国气象事业发展的系统的资料；中国国家图书馆馆藏资料、赴中国气象局调研所收集的资料、中国气象局培训中心编著的《气象软科学》和《咨询报告》（2004～2018年）等，为本书提供了国内外相关研究的新动态；走访国内开设气象本科专业的高校，直观地了解我国高校气象本科人才培养的现状。现针对上述资料并就国内气象教育和气象人才培养的研究，进行如下综述。

1. 气象高等教育历史发展

我国的气象教育是随着气象事业的发展而发展起来的。中华人民共和国成立以来，我国气象教育的发展大体上经历了以下几个主要阶段[28]：1949～1954 年为大量开展短期培训阶段。中华人民共和国成立之初，为满足气象台、站、网建设和气象服务工作对气象人才的需求，气象部门采取了举办短期培训班的方式，培养了大量的气象人员，以适应中国气象事业的发展。成立于 1950 年 3 月的中央气象台联合清华大学于 1950 年 4 月举办了第一期气象训练班，为建设中国气象事业培养急需的气象专业人员。随后，中央军委气象局又在东北、华东、中南、西北、西南军区举办气象培训班，培养了一大批气象观测、通信、预报专业人才，他们成为中国第一代气象事业的建设者。同时，中央军委气象局又联合教育部在南京大学、清华大学等有气象教育基础的高校培养高层次气象专业人才。1954～1966 年是气象教育逐步走向正规化的阶段。在此期间，气象部门的教育工作由短期培训逐步走向正规的中、高等气象院校教育，为气象事业的发展输送中、高级人才。同时，气象业务轮训、气象函授等在职教育也相应地发展起来了。这一阶段成立了一批气象人才培养与培训的学校与机构，成为未来我国气象事业发展的重要力量支撑，如建于 1953 年的气象干部学校、建于 1956 年的成都气象学校、建于 1960 年的北京气象专科学校。1963 年南京大学气象学院改名为南京气象学院，由中央气象局直接管理。此后，北京大学、中山大学等一批高校相继成立气象类院系或设立气象类专业。1976～1999 年进入全面恢复和新的发展阶段。中共十一届三中全会以后，教育工作重新得到重视，各级气象部门、气象院校及其他部委、原国家教委所属院校的气象类专业，围绕国家现代化建设和气象科学的发展，得到迅速恢复和发展。2000 年 2 月，根据《国务院关于进一步调整国务院部门（单位）所属学校管理体制和布局结构的决定》，南京气象学院和成都气象学院实行“中央与地方共建、以地方管理为主”；南昌、湛江和兰州 3 所气象学校划转地方管理。当前我国形成了由部门管理的学校培养为主、综合性大学为重要支撑的中国特色气象教育体系，对推进我国气象事业的建立和发展发挥了关键作用。①

2. 气象人才培养模式改革

就气象人才培养而言，早在中华人民共和国成立初期，老一辈气象工作者和

① 郑国光.气象教育工作座谈会暨中国气象人才培养联盟成立大会的讲话. [2016-11-20]. http://www.cma.gov.cn/2011xwzx/2011xqxxw/2011xqxyw/201504/t20150420_279958.html。

研究者即开始探讨气象教育工作和人才培养的途径问题。新中国首任气象局局长涂长望十分关心气象教育和气象专业技术人才的培养问题。他在《关于气象事业12 年发展远景及 1956—1957 年主要任务》中，曾就各类气象人才培养问题做了全面、详细的论述，论述涉及初级、中级、高级技术干部，研究干部，在职干部和少数民族地区民族干部，为整个气象系统专业技术人才培养指明方向①。在《三年来我们做了些什么?将来准备怎样做?》的文章中，涂长望还提出了气象系统专业技术人才培养的原则，归纳起来就是三个相结合：政治与技术相结合，教学与需要相结合，短期培训与正规训练相结合。在他的主导下，气象系统先后建立起从初、中级到高级专业技术人员培养的完整办学体系。清华大学李宪之先生在其《现阶段的中国气象教育工作和将来展望》一文中，通过分析气象学科的特征，检讨 1949 年前气象人才培养的缺失，明确提出气象教育工作、气象人才培养应加强业务、研究和教学三方面的联系，应理论联合实际，普及与提高兼顾（即气象科普与精英教育相结合），质量并重（即在满足气象事业对人才数量需求的同时，满足其质量需求），并注重政治教育（即提高气象工作者的政治素质和服务意识）。最后，李先生在其文中着重强调：发展中国气象教育，不仅是气象教育工作者的任务，也是全国气象工作者的责任，气象人才的培养乃至气象事业的发展需要全社会共同努力[29]。上述观点和结论虽于 20 世纪 50 年代提出，距今已逾 70 年，但仍具有深远的现实指导意义。

随着气象事业的改革和发展，气象人才培养的相关探讨也逐渐展开，虽然数量不是很多。如马鹤年在《气象现代化建设中的人才问题》中提出，随着科学技术的发展，知识技能作为潜在的生产力的作用显得更为重要，各种新技术的推广应用，需要应用者具有一定的基础，另一方面，在一定条件下，专家、技术骨干往往起到举足轻重的作用。因此，必须注重气象现代化建设中的人才问题[30]。谢勇华在《气象教育改革必须适应气象事业的新型结构》一文中，从气象事业新型结构的建立、业务技术体制的改革以及在职教育中存在的一些弊端等角度出发，提出必须尽快形成一个能够适应新型事业结构对各种层次、各类人才需求的新型气象教育体制，并结合其所在单位——洛阳市气象台站的人才结构及人才需求，提出了一些关于气象教育改革的意见[31]。王梅华等在《围绕气象人才发展战略加强气象远程教育培训体系建设》中提出，为了发展我国气象事业、拓展气象服务领域、保障人民生命财产安全、更好地服务于国民经济和社会发展，就必须全面提高气象队伍的整体素质，增强气象队伍的开拓创新能力。为此，中国气象局在

① 涂长望. 关于气象事业 12 年发展远景及 1956—1957 年主要任务. 气象软科学, 2008, (1): 49-72。

《中国气象局实施人才战略的意见》中，明确提出了“人才强局”的战略思想[32]。在这一战略思想指引下，近年来，中国气象局加强了国家和省两级培训基地建设，培养了诸多气象人才。但受培训条件和资金的限制，其培训质量和培训数量仍很有限，难以满足气象事业发展的需求，而基层，尤其是西部基层台站人员接受培训的机会则更少。为此，在传统培训形式之外，有必要积极开拓新的培训领域，如远程培训，这对于全面贯彻实施人才战略，加快提高气象人才队伍整体素质具有十分重要的意义。詹丰兴等在《论江西气象培训体系改革与建设》一文中从省级气象培训中心改革与建设，以及市、县气象局学习点和局校合作等方面，对江西气象培训体系改革与建设进行了论述，认为省级气象培训中心应以远程教育培训为主，开展全员基础业务和新技术、新知识的培训，市、县气象局是远程教育培训的学习点，为此，必须要按照“创新教育培训内容、改进教育培训方式、整合教育培训资源、优化教育培训队伍、提高教育培训质量”的要求，建设有气象特色的人才培养体系，满足气象事业发展对各类人才的需求[33]。江志红等在《适应气象事业发展战略的气候类人才培养的思考》中提出，随着经济全球化和世界科技的快速发展，我国气象事业的发展面临着新的形势，“公共气象、安全气象、资源气象”新的发展理念的提出，必将对中国气象事业发展产生重大而深远的影响。开设大气科学相关专业的大学作为中国气象事业最主要的高等教育人才培养基地，只有其培养目标、方案、模式尽快适应中国气象事业发展对人才培养的需要，才能稳步健康地持续发展[34]。杨丰政等指出气象人才的培养需要协同培养。目前气象人才培养模式存在模式单一、培养创新气象人才的途径不多、气象人才培养与其他单位合作较少等问题。在“协同创新”这一新的理念推动下，大学通过协调高校内部创新活动，开展交叉学科培养和与外部资源联合培养等模式，促进我国气象人才培养质量的提高[35]。李纯成对国内外高层次现代气象人才培养模式展开了对比研究，综述了国内气象教育的研究和发展情况，总结了国外气象人才培养的成功经验，归纳了我国气象高层次人才培养存在的一些问题，最后还尝试提出了气象创新人才培养的模式思路[14]。王海君对我国高层次气象人才培养的问题与对策进行了分析，探讨了当前研究生教育与气象人才培养中存在的关键问题，提出了应与时俱进地优化研究生教育结构，增加高层次气象人才类型和规模，创新培养模式分化人才培养方向，建立科学的人才评价体系，整合社会资源，开放办学，提高高层次气象人才培养质量等对策建议[36]。王尧和王骥以南京信息工程大学为例，探索对气象人才培养的机制创新与实践，提出通过依托共建体制，建立与行业之间的协同培养机制，实现学科专业的交叉融合，以及教学资源的共建共享，在满足行业人才需求的同时，也进一步彰显了人才培养的特色[37]。

（三）气象本科人才培养研究有待深入与拓展

人才培养作为高等教育的基本职能之一，一直是国内外高等教育研究的永恒主题，国内外学者对此都有过深入研究和丰富的论述。通过对国内外的研究综述发现，人才培养具有深刻的时代性，随着社会发展和高校职能的变迁而变化。国外研究拥有深厚的研究理论和丰富的实践经验，倡导通识教育与专业教育的理念，而国内的人才培养的理论研究虽然起步晚于国外，但是发展迅速，形成了不同的相互争鸣的理论观点，对我国高校气象人才培养的理论的建构具有一定借鉴作用。

然而，我国气象教育及其人才培养的相关研究仍有待进一步深入与拓展。具体如下：

第一，需进一步从教育学的视角全面考察我国气象本科教育的发展历史与特点。已有研究多从行业角度论述，且仅限于一隅，极少从教育学的专业角度论述。一些文献虽然提到了气象人才培养，但一般从某一具体的方面如师资问题、专业设置问题等进行分析，缺乏系统、全面的研究。

第二，需拓展气象本科人才培养的考察范围与比较视野。气象学科的全球性特征使气象本科人才培养成为世界各个国家人才培养的共同内容，已有研究零散地对美国、日本等国家的气象人才培养进行了论述，但仍缺乏体系化的比较研究，因此对世界气象发达国家气象本科人才培养进行研究可以为我国气象本科人才培养提供借鉴。

第三，对我国气象本科人才培养的现实需求有待进一步厘清。社会对气象本科人才培养的需求随着时代变化而发生转变，而已有研究鲜有对这一变化与现状的细致考察与准确把握。厘清我国气象本科人才培养的现实环境与需要是供给侧结构性改革人才培养的重要前提。

第四，对我国气象本科人才培养的经验做法与对策建议有待总结提炼。随着我国高等教育规模的扩大与质量的提升，我国高校在气象本科人才培养方面已探索出一条适合中国气象本科人才培养的路径。通过对高校已有案例经验做法的总结，为世界贡献我国气象本科人才培养的方案，为同类高校气象本科人才培养提供借鉴。

上述研究成果虽有不足，但正是前人的研究为本书提供了良好的理论基础和资料铺垫，也是本书得以深入开展研究的前提。因此，本书将立足这些研究成果，结合气象事业的发展需要，借鉴国外气象人才培养的经验，立足我国气象人才队伍建设的现状与需求，以高校气象本科人才培养存在的问题为出发点，探寻适合中国气象事业发展趋势的本科人才培养改革途径。应该说，这是当前高等教育研究一个亟须着力深入挖掘并能形成特色的领域。

第四节 本书主要内容与创新之处

气象本科人才培养既有本土性的现实必要性，同时又具有国际性特征。瞄准我国实现“两个一百年”奋斗目标，本书立足我国气象人才队伍建设的现实状况与需要，以问题导向对气象本科人才培养的历史、目标、过程、方法、制度以及评价进行深入研究，进而全面探寻高校为气象事业未来发展培养适用性本科人才的路径，并在此基础上尝试对我国行业特色本科人才培养进行前瞻研究。

一、各章主要内容

第一章为绪论，主要介绍本书撰写的主要目的与各章主要内容。

第二章，结合具体历史背景与社会现实，采用古代、近代和现代三大历史分期，紧抓气象人才培养这条主线，揭示气象人才培养尤其是气象本科人才培养与所属行业、所属主管部门以及与经济社会之间的互动关系，系统梳理气象人才培养的历史发展脉络，揭示了伴随着气象科学的发展，气象人才培养逐步由通才走向专才，再走向复合型人才的过程。

第三章，重点分析我国气象人才队伍建设。自 2000 年以来随着经济社会的发展和气象事业的改革，我国气象事业进入了蓬勃发展的时期，我国气象人才队伍建设也面临着新的情况。因此，在高等教育市场化发展的影响下，我国气象人才队伍建设的态势是本章研究的主要内容。其研究思路是：21 世纪以来，伴随着经济体制、教育体制的改革和气象事业的发展，我国气象人才队伍建设面临新的形势，在对我国气象人才队伍的规模、结构、质量深入剖析（尤其是与气象发达国家气象人才队伍的比较）的基础上，揭示我国气象人才队伍建设存在的问题，最终落脚在问题的解决之道，即必须充分发挥高校的作用，通过多维度的适应性改革，实现我国气象人才队伍质量的全面提升。

第四章，世界各国气象事业的发展无不依赖气象人才的培养，特别是气象本科人才的培养，只有这样，方能为本国气象事业的现代化源源不断地注入新的活力，为未来气象事业的发展打下深厚的人才基础。同时，气象事业的发展，也为气象本科人才的培养提供了契机。随着气象事业的不断发展，气象科研和业务领域必然会出现一些前人没有涉及或难以解决的问题，这就需要气象学者通过不断的探索和实验来解决，这些工作很大部分是在气象人才培养的过程中完成的。本章主要是通过对美国、日本、俄罗斯等国气象人才培养的案例分析，详细探讨国外高校是如何进行气象人才培养的，进而从中总结相关经验，为我国高校气象本科人才培养提供有益的借鉴。

第五章，在探讨高校在培养气象人才中的重要作用的基础上，选取北京大学（全国一流的综合性大学）、南京信息工程大学（气象类学科大而全的大学）、中国海洋大学（气象类学科极具特色的大学）为个案，研究我国高校气象本科人才培养的现状。

第六章，随着社会主义市场经济逐步成熟和完善、高等教育体制改革进一步深化以及我国气象事业的发展，高校人才培养的外部环境发生着深刻的变化，高校气象本科人才培养的目标、过程、制度、评价等必须做出适应这一变化的改革，本章归结改革中出现的问题并探析其原因。

第七章，鉴于目前我国高校气象本科人才培养存在的问题与不足，借鉴高校气象本科人才培养的历史和国外经验，我国气象本科人才培养的适应性改革势在必行。本章主要是从宏观和微观两个方面，探讨我国高校气象本科人才培养的建构与改革路径。

后记部分是对我国高校气象本科人才培养的系统概述与研究展望。

二、创新之处

本书从我国气象本科人才培养的现实问题出发，从纵向对历史进行深度研究，从横向对国别进行分类研究，从制度对规模结构进行宏观研究，从教育教学对人才培养进行微观研究。在理论层面，本书在前人研究成果的基础上，借助教育学的有关理论和方法系统地阐述了我国高校气象本科人才培养存在的问题，深入探讨了气象本科人才培养的内在规律性，加强了气象人才培养研究的理论基础，拓展了气象人才培养研究的深度和广度。在实践层面，本书结合气象事业发展的实际，理论与应用研究相结合，有针对性地提出了我国高校气象本科人才培养的改革路径，为新时代气象人才培养实践提供创新的思路与启示。

第二章　我国气象人才培养的发展历程

气象学是一门非常古老的学科，早在远古时代人类即已根据生产和生活的需要展开了对风、雨、雷、电等大气现象的观察和认识。恩格斯曾指出，“必须研究自然科学各部门的顺序发展。首先是天文学——游牧民族和农业民族为了定季节，就已经绝对需要它”[38]。但古代科学知识的专门化程度并不高，各学科相互交织，你中有我，我中有你，恩格斯所说的天文学实际上就含有气象科技的知识。因此，古代的知识分子中不乏百科全书式的通才，却鲜有精通一科、擅长一术的专业人才，而古代的气象人才称其为天（文）（气）象人才也许更为合适。

气象学真正作为一门独立的学科始自16世纪中叶。当时，随着生产力的发展，科学技术获得了长足的进步，其中，物理学、化学、数学及地理学等学科的发展，为介于这些学科之间的边缘学科——气象学奠定了学科基础。温度计（伽利略，1593年）和气压表（托里拆利，1643年）的发明，为气象科技由定性研究转入定量分析提供了必要条件。完整的气象科技知识体系的形成标志着气象科技开始成为一门独立的学科，这为专门化的气象人才培养创造了条件。这一时期掌握气象科技知识的人员是气象学科的通才，因为他们可以相对综合全面地掌握整个气象学科的知识。20世纪60年代之后，电子信息技术的广泛应用使得气象学发展为大气科学，研究范畴和学科边界极大拓展。与此同时，气象人才培养领域进一步细化，表现出更为专业化的特点。

第一节　中国古代气象人才培养

气象科技知识积累到一定程度，便萌发了通过气象人才培养来传承和传播气象科技知识的需要。因此，对气象人才培养历史的探究需追溯至古代气象科技的发展。

一、中国古代的气象科技成就

中国古代气象科技的发展大致经历了萌芽期、发展期、巅峰期、停滞期，这一过程与中国古代生产力水平的发展以及社会发展的周期大致吻合。其原因在于气象科技与经济社会的发展密切相关，是经济社会健康良性发展的必要保障，因此，生产力的发展需要气象科技；另一方面，气象科技作为一门学科、一种知识体系，它属于上层建筑，它的发展需要一定的物质基础，尤其是气象科技的发展对于仪器有着非常高的依赖性，这就对当时的生产力水平提出了较高的要求。西方气象科技水平之所以在近代获得突飞猛进的发展，其根本原因即在于工业革命之后，生产力水平大幅提升，对于气象科技的发展既有需求，又能支撑。应该说，一国的气象科技水平是该国综合国力的精确而又直观的体现。

原始社会时期是我国气象科技的萌芽时期。那时的人类为了生存，被迫受大自然的驱使，选择温、湿、风等气象条件比较适宜的自然环境生存。到了原始社会的后期（黄帝时代），人类开始有意识地通过对物候、天象的观察，进行“治历明时”的探索，并取得了一些感性的经验认识，如懂得了自然变化的一些简单的周期，进行了历法和节气的创造①。

奴隶社会时期是我国气象科技的发展时期，产生了具有气象意义的第一个硕果——夏历，并形成了一份系统的物候知识——《夏小正》，而掌握气象知识的专职、世袭的天象人员也从那些擅长于观天候气的氏族集团中产生了。商周时期是中国奴隶社会高度发展的时期，生产力水平也有了明显的提高，在气象科技方面，出现了利用阴阳五行解释自然变化的系统理论，并且气象科技知识也开始系统化，这一时期，官方和民间的气象工作开始分道发展，民间经过长期的经验积累开始产生预测天气变化的谚语。春秋时期生产力的发展导致奴隶制经济开始解体，代表先进生产力的地主阶级和维护落后生产方式的没落奴隶主阶级在政治上发生激烈的斗争，反映在思想文化领域就是百家争鸣，各类思想文化的碰撞与融合有力地促进了气象科技的发展，这主要表现在物候学和节气知识等方面。与此同时，古代医疗气象、古代军事气象也初具规模。

封建社会时期，中国古代气象科技走向巅峰，而后停滞不前，逐步落后于西方。秦汉时期社会生产力高度发展，古代气象科技也有一定发展，其标志就是二十四节气的定型，这是古代观天候气的集大成者。“而其他气象科技成果如医疗气象、军事气象、农业气象等，在古代也是以气候和节气知识为基础。”[39]此后的三国时期至清代长达千余年的时间里，封建统治者出于维护君主集权的需要，“天人合一”的天道观成为国家的正统思想，同时也是人们认知自然和人类关系的主要理论基础，而这一时期生产力水平的发展缓慢，以及轻视手工业的思想，导致气象仪器的发明较少，仅有的气象仪器也只是在秦汉时代的基础上改进和推

①了解历法和节气就能掌握季节更替的规律，就能对气候的变化进行预测。

广，没有质的飞跃，因而导致这一时期的气象科技水平没有获得大的发展。

但需要指出的是，明末至有清一代，由于外国传教士的介绍和列强的入侵，西方近代科技知识开始在中国传播，中国古代气象科技融入了新的概念和新的知识，在气象仪器方面也开始了近代仪器的探索和创造，因此，这一时期也可视为中国近代气象科学的准备期。

二、中国古代不同时期的气象人才培养

如前文所述，因学科分化尚不精细，中国古代尚无独立的气象学科，遑论气象人才，但在那时具备气象知识的却不乏其人，并且出于促进生产、保障民生、维护法统的需要，逐步形成了一套成熟的人才培养机制。

（一）原始社会的气象人才培养

在原始社会，人类认识自然的能力非常有限，脑力劳动和体力劳动的分工还没有形成，知识的专门化尚未出现，专业性的气象人才培养自然也不可能萌发。气象知识与其他科技知识（如天文知识）融合在一起，在生产、生活过程中传播，而一切部落或氏族成员都是培养的对象，一切与生产和生活相关的知识都是教学的内容①。因此，“三代以上，人人皆知天文。‘七月流火’，农夫之辞也；‘三星在户’，妇人之语也；‘月离于毕’，戍卒之作也；‘龙尾伏辰’，儿童之谣也。”②而见诸典籍与原始社会气象科技发展密切相关的羲和，则是一个在母系氏族社会就已存在的古老的氏族。黄帝时代该氏族的首领是掌日之官。尧舜时代这一氏族的观天职责更加明确，“乃命羲和，钦若昊天，历象日月星辰，敬授民时”③。同时，该氏族的几个分支在观天的过程中则分别承担了不同的职能，羲仲、羲叔、和仲、和叔分别执掌四方、四时，这一方面反映了当时整个氏族成员都是观天候气的一分子，都是气象知识的受众和载体，同时从另一个侧面也反映了原始社会后期天象知识的分化发展。而羲和之官，也成为后世历代的天文气象官职。[39]

原始社会的气象人才培养是以掌握气候知识，服务整个部落或氏族的生产、

---

①据典籍记载，传说时代的五帝时期即有学校，名为“成均”（《周礼·大司乐疏》）；又有“虞庠”（《礼记·王制》）供养担任教职的氏族长老。而且还设有担负教育职能的官职，如《尚书·舜典》记载：“帝曰：‘契，百姓不亲，五品不逊，汝作司徒，敬敷五教，在宽’。”上述说法因无充分的考古资料予以支持，故暂不采信。但即便原始社会已有学校，根据当时的阶级性质，其教育对象也应该是“有教无类”的，是针对所有氏族或部落成员的。

② 顾炎武.《日知录》卷三十。

③ 《尚书·尧典》。

生活为目的的。其教学方式虽无明确的文字记载，但根据现有的考古资料及流传下来的古代典籍推断，早期当为口耳相传、结绳记事，图形符号或简单的文字出现之后，可能会以这些图形或文字为载体进行知识传授，但专门的人才培养应未出现。

（二）奴隶社会的气象人才培养

到了奴隶社会，随着生产力的发展，社会出现阶级分化，观天候气的气象活动也出现了官方（统治阶级）和民间（被统治阶级）两种方式，气象知识的传播途径也随之呈现出多样化的特点。

一方面，生产资料的私有化导致知识的私有化，统治阶级出于维护统治的需要，试图垄断知识，在原始社会作为一般知识传授给每一个氏族成员的“礼”“乐”“射”等，为统治阶级所独占，而人才培养也成为一种有意识的专门活动，并逐渐被制度化——出现了教育制度。奴隶社会出现了校、瞽宗、序、学、辟雍、国学、太学、小学、泮宫等各种不同类型的学校，并有中央与地方之分。而教师则有乐正、大司乐、师氏、父师、少师、保氏等称谓。保氏则可能是目前已知最早的与学校气象人才培养有关的人员。据《周礼·地官·保氏》记载：“保氏掌谏王恶，而养国子以道，乃教之六艺。”可见保氏是掌教小学并负责劝谏君王的官吏，同时还负有用道艺来教导国子的责任。

“六艺”，是指礼、乐、射、御、书、数等六项教育内容，它贯穿夏、商与西周，是当时学校教育的重要教学内容。在六艺之中蕴含了丰富的科技知识（包括气象知识），其中，数和书与科技人才的培养关系最为密切。

所谓“数”，在中国古代系“数术”或“术数”的简称，即除数学之外，还指称更为宽泛的自然之理和技术技巧，以及用宗教迷信来解释自然与人事现象的技巧和技术。班固在《汉书·艺文志》中认为数术包括天文、历谱、五行、蓍龟、杂占和形法六项。这六项实际上或多或少与气象知识都有关联，大致可包含两方面内容，一是“纪日”，二是“方名”。商代的甲骨卜辞保留了殷人子弟学刻六甲表的遗存[40]，说明当时数艺的教学已包含干支纪日法的内容。干支是我国特有的计时方法，这一纪日之法从夏代一直延续使用至今，其中六艺之教功不可没。而据《礼记·内则》记载，西周的贵族子弟从九岁开始学习“数日”，即纪日之法。西周的纪日法，较之夏、商有明显进步。纪月以数，纪日以甲子，并加入了朔望的内容，而受教者通过学习“数日”开始掌握历法知识，进而了解四时更替及气候季节的变化。

“方名”即东南西北四方之名。在远古及三代时期，辨别方向主要依据天象，例如战国以前，人们多用日影和北极星来确定方向。对此，《周髀算经》中曾有详细记载。而根据日月星辰等天象以教儿童辨别方向则既简明又形象。而随着年龄的增长，这种关于“方名”的教学内容也应随之增加深度和难度。

所谓“书”，即关于识字及著述的教学，而识字是其中心内容。中国文字是一种象形文字，其中有一类被称作“天地类之纯形”，教授这类文字，便要向受教者介绍日月星辰、冰霜雪雨，以及山川河流等天文、气象和地理知识。如甲骨文、金文中的“[illegible]”“[illegible]”字，不仅表现了雨之形，还蕴含了“阴阳和而后生雨”的有关气象知识。

上述以学校为平台，以六艺为教学内容，以尚未入仕的奴隶主贵族子弟为教授对象的人才培养显然是一种专门化的学校教育活动。除此之外，尚有一种以入仕官员为培养对象的教育形式，这种教育与奴隶社会世袭性的职官制度密切结合。因世承官职之人（主要是掌管科技事务的官员）被称为畴人，因此，这一人才培养形式被称为畴人之学[41]。畴人之学是具有官方背景的专业性科技人才培养活动，同时也是最早的专业性科技人才培养，对后世的科技人才培养形式如官学、家学都有着深远的影响。而畴人之学的重要教学内容之一正是天气历法及气象知识，这是因为中国古代君王有一项重要职责，也是体现君权神授天命观的重要表现形式，即“告朔”，也就是每年定期向天下臣民发布历法，规定每月应做的大事。这就需要有专门的官员来观察天象、物候，研究历法，这些官员就是由羲和之官演变而来的天官或史官。前文所提的保氏，以及冯相氏均是隶属太史职下，负责纪时、占云、观气的官员。他们既是天文气象知识的掌握者，同时也是这些知识的传承者[42]。

另一方面，在原始社会即已形成，来源于生产、生活，并与之密切相关的气象知识，因统治阶级无法垄断，仍在民间广泛流传。如《诗经》中的《国风》主要收录的是西周至春秋中叶的民歌，其中就不乏蕴含气象知识的诗歌，最著名的当属《豳风·七月》，其诗云：

七月流火，九月授衣。一之日觱发，二之日栗烈。无衣无褐，何以卒岁？三之日于耜，四之日举趾。同我妇子，馌彼南亩，田畯至喜。

七月流火，九月授衣。春日载阳，有鸣仓庚。女执懿筐，遵彼微行，爰求柔桑。春日迟迟，采蘩祁祁。女心伤悲，殆及公子同归。

七月流火，八月萑苇。蚕月条桑，取彼斧斨。以伐远扬，猗彼女桑。七月鸣鵙，八月载绩。载玄载黄，我朱孔阳，为公子裳。

四月秀葽，五月鸣蜩。八月其获，十月陨萚。一之日于貉，取彼狐狸，为公子裘。二之日其同，载缵武功，言私其豵，献豜于公。

五月斯螽动股，六月莎鸡振羽。七月在野，八月在宇，九月在户，十月蟋蟀入我床下。穹室熏鼠，塞向墐户。嗟我妇子，曰为改岁，入此室处。

六月食郁及薁，七月亨葵及菽。八月剥枣，十月获稻。为此春酒，以介眉寿。七月食瓜，八月断壶，九月叔苴，采荼薪樗，食我农夫。

九月筑场圃，十月纳禾稼。黍稷重穋，禾麻菽麦。嗟我农夫，我稼既同，上入执宫功。昼尔于茅，宵尔索绹。亟其乘屋，其始播百谷。

二之日凿冰冲冲，三之日纳于凌阴。四之日其蚤，献羔祭韭。九月肃霜，十月涤场。朋酒斯飨，曰杀羔羊，跻彼公堂，称彼兕觥，万寿无疆！

全诗共分八章，以事（而不是以时）为序，描绘了一年四季的劳动场面，涉及衣食住行的各个方面。有学者根据该诗总结出当时的物候情况（表 2-1）。

表 2-1　《豳风 · 七月》所载农事及物候历[39]

月份	农事及物候
一月	于耜，纳于凌阴
二月	举趾，其蚤，献羔祭韭，春日载阳，有鸣仓庚
三月	条桑
四月	秀葽
五月	鸣蜩，斯螽动股
六月	莎鸡振羽，食郁及薁
七月	流火，鸣鵙，在野，亨葵及菽，食瓜
八月	在宇，剥枣，断壶，载绩，其获
九月	授衣，在户，叔苴，筑场圃，肃霜
十月	陨萚，床下，获稻，纳禾稼，涤场
十一月	觱发，于貉，取彼狐狸
十二月	栗烈，凿冰冲冲，献豣于公

《豳风 · 七月》记载了大量翔实的农业生产活动，并细腻地描绘了劳动者的心境，显然不可能是奴隶主贵族所做，其所反映的气象知识也是广大劳动者长期生产、生活的经验总结，而它在民间的流传，也间接地使其所记载的气象知识以口耳相传的方式在广大劳动者（同时也包括那些欣赏它的奴隶主贵族）之间广为传播。此外，气象谣谚是这类气象知识的另一种载体。相较诗歌而言，谣谚与生产、生活的联系更为密切，也更为直观和通俗易懂，因此，它的流传也更为广泛。

这些在民间（不分阶级、身份和地位）口耳相传的，与民众生产、生活息息相关的气象知识渐渐地就演变成了一种气象常识（一般性气象知识）。传播这类气象知识的民间气象人才培养带有很大的自发性，并没有明确的人才培养目标，其实质上是一种常识的传播，或者说是一种非专业性的人才培养，或者套用现在的说法，是一种素质培养活动。

到了奴隶社会后期，随着生产力的发展，奴隶制生产关系逐渐解体，封建制生产关系逐步萌芽。新兴地主阶级为了获取并维护与其经济实力相应的政治地位，除了政治上的斗争，在思想文化方面还必须打破奴隶主贵族对于意识形态的控制，必须打破奴隶主贵族对于教育活动的垄断。代表不同阶级或阶层利益的各派学说应运而生，私学也随之而起，“学在官府”变为“学在四夷”。

中国古代私学的首创者难以考证，但以孔子私学规模最大。据传其有弟子三千，贤者七十二，并且其开创的儒家学派对中国历史文化的影响最为深远。孔子在经济上主张重农抑商，在政治文化上主张恢复周礼，因此，对与二者相关的天象知识也颇有研究，《史记·夏本纪》即有“孔子正夏时，学者多传《夏小正》”之说。而据南京信息工程大学气象史专家王鹏飞教授考证，孔子曾做过三次天气预报，并成功地预测到一次灾害天气①。孔子还要求其弟子“多识于鸟兽草木之名”②，并在《诗经》中大量收录含有气象知识的民间诗歌，这些都反映出他在气象科技方面的学识，以及其对气象科技的态度。

孔子的私学教育是一种师徒式的人才培养方式。在培养对象上，孔子主张“有教无类”；在教学方法上，孔子因人而异（因材施教），采取身教、启发诱导、寓教于乐和讨论法相结合的方式。孔子的这种私学教育形式和理念对后世产生了深远的影响。相对于前文的畴人之学，起源于春秋中叶的私学教育则是一种民间的专业人才培养方式，其教学内容蕴含了大量的科技知识，而其传统则为后世的书院教育所承袭。

进入奴隶社会之后，由于阶级的分化，统治阶级出于维护自身地位的需要，开始有意识地进行人才培养，这应是学校教育出现的重要原因之一。就气象类人才培养而言，其一方面是为了观天候气，保障生产、生活，另一方面则带有争夺意识形态领域控制权的意味，而学校教育则开始成为人才培养的主要形式。

---

① 谢静娴，胡玉梅.中国首席气象预报员曾是谁?孔子.[2017-01-22]. https://news.sina.com.cn/s/2009-02-06/015815117467s.shtml。

② 孔子《论语·阳货》。

（三）封建社会的气象人才培养

战国时期七国争雄，“邦无定交，士无定主”[①]，士的政治作用越来越大，社会地位也随之越来越高，养士的风气较之春秋时期有增无减，鸡鸣狗盗之徒皆可为王侯将相的门客，培养“士”的私学更加盛行，呈现出百家争鸣的局面。其中，与气象科技人才培养关系较为密切的私学学派当数阴阳家学派，司马谈在其《论六家要旨》中指出：“尝窃观阴阳之术，大祥而众忌讳，使人拘而多所畏；然其序四时之大顺，不可失也。”《汉书·艺文志》也载：“阴阳家者流，盖出于羲和之官，敬顺昊天，历象日月星辰，敬授民时，此其所长也。”可见阴阳家学派的兴起是“天子失官，学在四夷”，掌管司天职能的职官流落民间，天象知识在民间流传的结果。

但是秦汉一统，尤其是汉武帝罢黜百家、独尊儒术，董仲舒“天人感应”的天命论思想取得正统地位之后，封建统治者为了维护统治，控制意识形态，控制对于天命依归的舆论导向，牢牢掌握对于“天命”的解释权，严禁民间从事与天象有关的活动，包括相关知识的传授，这就使得民间的气象科技人才培养活动受到极大的压制。即便有所传承，也大都带有官方色彩。如曾官拜丞相，有中兴之功的宋璟曾师事善于天文律历的隐士李元恺学习“天普历算”。[②]《畴人传四编》也有类似记载，“卢肇，宜春人，举进士第一。肇始学浑天之术于王轩，轩以王蕃之术授之。后因演而成图，又法浑天作《海潮赋》及图。轩，太和进士。”卢肇、王轩皆为唐朝进士。

另外，作为私学特殊形式的家传之学，其与气象科技知识相关的教学内容也是与官方的宦学紧密相连的，即家传的科技知识既具有私学的形式，又有官学的色彩。如汉代的司马谈、司马迁父子皆为汉太史令。唐代的太史令庾俭也出身于天文占星世家，其先祖庾诜是著名的数学家，著有《帝历》一书，其曾祖庾曼倩曾注《七曜历书》，其祖庾季才原为周太史，后为隋著名天文学家。唐代另一个著名的天文世家——瞿昙家族，其天文历法知识也是世代家传。据 1977 年 5 月西安市文物管理处发掘的瞿昙墓中所获墓志铭，瞿昙一族“世为京兆人”[③]，其五代世系如下：瞿昙逸生瞿昙罗，瞿昙罗生瞿昙悉达，瞿昙悉达生瞿昙谦（二子）、瞿昙譔（四子），瞿昙譔生瞿昙晏。瞿昙譔生有六子，依次取名为昪、昇、昱、晃、

---

① 顾炎武.《日知录·周末风俗》。

② 宋祁，欧阳修.《新唐书·隐逸传》。

③ 今陕西西安人。

晏、昂[43]。这一家族从瞿昙罗至瞿昙晏，四代供职国家天文机构，其中三代先后担任过太史令、太史监或司天监，历一百一十年。时人称瞿昙悉达为“瞿昙监”，称这一派的天竺历法为“瞿昙历”。这种子承父业、弟继兄职的传授气象科技知识的人才培养形式自秦汉以至明清，基本贯穿整个封建社会始终，直至中国封建社会的最后一个王朝——清王朝仍然存在。如清钦天监天文生考选的生源之一是世业生，即承袭父兄术业，在钦天监学习天学，听候考选的人员[44]。乾隆四年（1739年）规定：“每世业子弟五人由监选三科官人品老成、精通术业者一人为教习，督率课程，每年季考亦令考试，分别等第。三年内学有成效，令该教习出具结状方得补用。如世业子弟依恃父兄在监，名为学习，而术业生疏者即行黜退。”①然而，这种科技人才的培养方式在保证了家传之学延续性的同时，也因其具有很强的保守性和封闭性，从长远来看，并不利于科技知识的开拓创新，诚如药王孙思邈所说：“各承家伎，始终循旧。”②

在抑制气象科技知识通过私学传播的同时，封建王朝也在培养官方正统的气象科技人才，这一方面是出于维护法统的需要，另一方面也是为了治历明时，掌握生产活动的时间节点。秦汉时期这一职责主要是由与畴人之学一脉相承的宦学来承担的。所谓“宦学”是职官教育的又一种形式，即求学之人首先得入仕途，“学在官府”，边仕边学，这一点与畴人之学相通。但不同的是宦学所处的封建时代已不再实行世卿世禄的世袭制，因此，宦学的教、学双方不再是父子关系，而是“以吏为师”。[45]

到了隋唐时期，宦学中承担天文气象科技教育的机构发展为天文、历法专门学校——司天台。司天台是一个集行政、教学、研究三位一体的政府职能部门。其下设四个机构，其中直接与气象科技教育有关的是司历、监候、灵台。司历掌管国家历法的推算和制定，设置历法方面的博士，教授学生。在此学习的学生，开元时有三十六人，天宝时有四十一人，干元初年则为五十五人。监候负责观察天文气象，有学生九十人。灵台则负责观察天文星象的变化和占候，设灵台郎传授学生相关知识，开元年间有学生六十人，干元初年减至五十人。[46]

宋元时期沿用隋唐之制，只是培养学生的机构名称由司天台改为司天监。宋元司天监更加重视对天文生实践能力的训练，采用了演示实验的教学方法。据说苏颂③曾制造过一个观看和演示星象的设备，“人居其中，有如笼象，因星凿窍，

① 《钦定大清会典则例》卷一百五十八。

② 孙思邈.《备急千金要方·论治病略例》。

③ 苏颂（1020～1101年），宋代天文学家、天文机械制造家、药物学家。

如星以备。激轮旋转之势，中星、昏、晓，应时皆见于窍中”。[47]明清时期司天监改为钦天监，其下所设的时宪科、天文科负责与天文气象相关的教育活动。各科设博士以教天文生，人数在不同时期略有变动（表 2-2）。

封建社会气象科技人才（确切地说是天象人才）的培养，实际上已经呈现出一种专门化的倾向，承担人才培养任务的机构不是学校，而是专门的业务机构，如司天台、钦天监等。但其培养目标与之前的历史时期相比，有一个重大的转折，即主要不是为生产、生活服务，而是出于意识形态，维护封建王朝法统的目的，这就使得气象科技知识的发展、气象科技人才的培养严重脱离生产、生活的实际需要，逐渐与荒诞虚无的天命论思想和天人感应学说合流，目标的偏离使我国封建社会气象科技人才的培养活动受到极大的遏制。

表 2-2　清钦天监时宪科、天文科的博士、天文生数额变化情况[44]

年代	时宪科博士				时宪科天文生				天文科博士				天文科天文生			
	满洲	蒙古	汉军	汉	满洲	蒙古	汉军	汉	满洲	蒙古	汉军	汉	满洲	蒙古	汉军	汉
顺治元年—康熙二十五年（1644～1686 年）	1		1	17					3			2				
康熙二十六年—雍正五年（1687～1727 年）	1		1	17					3			2				
雍正六年—乾隆二十三年（1728～1758 年）	3		2	16	12		8	24	3			2	2			32
乾隆二十四年—嘉庆十七年（1759～1812 年）	4	2	1	15	8	4	8	43				2	2			31
嘉庆十八年—光绪十三年（1813～1887 年）	4	2	1	16	8	4	8	43				2	2			31

第二节　中国近代气象本科人才培养

一、中国近代气象科学技术的发展

从历史分期的角度来讲，学术界一般认为中国进入近代社会始于鸦片战争之后，但中国近代气象科学技术的萌芽则远早于此。约在明朝晚期发端于西方的近代气象科学技术，即已随着耶稣会传教士来华传教而进入了中国，其早期主要代表人物之一是南怀仁（Ferdinand Verbiest，1623～1688 年）。南怀仁所处的时代正是西方近代气象科技刚刚发轫起步的阶段，在他所著《坤舆图说》一书中记载了大量的气候知识。另外，有资料显示南怀仁是最早将近代西方气象仪器传入中国的人士。1660 年（清顺治十七年），南怀仁奉命进京协助汤若望纂修历法，在呈献给顺治帝的礼物中，就有西方早期的温度计和湿度计。①康熙年间，南怀仁又先后担任钦天监监副、监正，并受命改造观象台，为此，他制造了一大批观象仪器，如黄道经纬仪、赤道经纬仪、地平经仪和地平纬仪（又名象限仪）、纪限仪、天体仪、简平仪、地平半圆日晷仪。更值得关注的是，在他制造的这些仪器中包括了“验燥湿器”（湿度计）和“验冷热器”（温度计）。这两种仪器“其加减之度数，则于地平盘上之左右上明画之”。[48]

遗憾的是，目前尚未发现当时用上述两种仪器进行气象观测的确凿证据，而已知最早的定量气象观测是由法国耶稣会传教士宋君荣（Antoine Gaubil，1689～1759 年）完成的。从 1743 年（乾隆八年）7 月至 1746 年 3 月，宋君荣留下了大约 250 组北京的气温观测记录[49]。其中，京津地区一次热死一万多人的异常天气也被宋君荣记录了下来[28]。

鸦片战争之后，中国的国门被西方列强打开。为了维护其在华利益，列强纷纷在中国建立气象机构，从事气象观测活动。最早在中国建立近代气象台站的是沙皇俄国。1849 年，沙俄利用不平等条约，在强权的保护下，在北京建造了一座地磁气象台。该气象台建造在俄国教会旁，以教会做掩护，从事收集中国气象情报的活动。1872 年，法国天主教会在上海徐家汇设立了一座观象台，开展气象、地震和授时三项工作。该台是近代东亚地区建立最早、规模最大的气象台之一。1898 年，德国在青岛建立了一座气象台，1900 年，该台改称“气象天测所”，业务内容逐步拓展为气象、天文、地磁、地震、潮汐等方面。第一次世界大战后，

① 《古今图书集成》历法典.第 95 卷.“仪象部”。

青岛气象台被日本接管，后经中国政府交涉，于1924年由中国接收。

由中国政府自主办理的最早的近代气象机构是在明清两代钦天监基础上设置的中央观象台。1913年春，中央观象台筹建气象科。在自制并购置了一些简单的气象仪器设备之后，气象科开始了每日3次的观测记录，至1915年实行24小时观测制度，并试绘天气图，着手准备试作天气预报。至此，中国近代的气象科技工作方才稍具规模。[50]

南京国民政府建立后，于1928年4月成立中央研究院气象研究所，并在南京钦天山的北极阁设立了一座气象台。从此，中国的气象科学真正从天文、地理、农学等学科中独立出来，成为一门独立的学科[51]。1941年，南京国民政府成立中央气象局，下设总务、测候、预报三科，后改设一科、二科、秘书室、会计室。1948年，中央气象局开始扩编，先后设立技术处、测政处、总务处、气象总台、资料室、会计室、统计室、人事室、气象人员训练班等机构。中央气象局是南京国民政府时期全国民用气象的最高行政和科技管理机构，它的成立改变了民国以来全国气象事业没有统属行政机构的局面，也是中国气象科技事业近代化的重要标志。

与此同时，中国共产党领导下的抗日根据地和解放区出于军事斗争的需要，也逐步发展起自己的气象事业。早在延安时期，出于抗战需要，在延安的美军观察组经边区政府同意，曾建立一座气象台，有美军组成的工作人员6～7人，主要开展地面观测、无线电探空、无线电测风、航站预报等工作。此后，经边区政府与美军谈判，决定由美方提供器材，中方提供人员，在陕甘宁边区和华北各根据地建立20个气象站。

抗战胜利后，美军观察组撤离延安，边区政府接收了美军观察组气象台，创建了中共领导的第一个气象台——八路军总部延安气象台。延安气象台的负责人是毕业于清华大学气象系的张乃召，再加之接收了美国制造的先进的气象仪器设备，因此，中共领导的气象事业在起步阶段就具有很高的业务水平和能力。

除延安外，东北解放区的气象事业也获得了较好的发展。1946年3月，吉林通化成立了东北民主联军航空学校，并下设气象台，其主要任务是每天进行定时观测，做本场短期天气预报，为航校的飞行训练服务。此后，随着东北军区空军的发展壮大，又先后在沈阳等地建立了5个机场气象台，每天在2：00～20：00之间进行气象观测，同时提供本场短期天气预报，供空军飞行使用。由于东北地区气象台站的增加，对于气象业务的领导也随之增强。1949年东北军区成立了气象处，各气象台站均归其统管，东北地区的气象工作逐步正规化，也为中华人民共和国成立后全国范围内气象业务的开展积累了经验。

随着解放战争的推进，国统区的气象业务，如太原、天津、北平、南京、上海等大城市的气象台，纷纷由中共领导的军队和各级政府接管。在接收过程中，接收人员按照对人员和设备“原封不动”的原则，保证了大多数气象台站的测报工作。

此外，由于近代中国政府孱弱，其所创办的气象事业难以满足社会的需要，民间的气象事业趁时而起获得了一定的发展。其代表就是张謇投资兴办的南通军山气象台。1906 年，张謇在南通博物苑内设立测候室，既做简单观测，又供科普之用。1913 年，测候室移至南通甲种农业学校，成立测候所，供学校学生实习之用。在此基础上，1916 年 11 月，南通军山气象台成立。军山气象台业务人员仅有 3 人，但其工作效率和观测水平在当时的世界气象领域均有一定的影响。1923 年 10 月，徐家汇观象台气象部主任龙相齐（E. Gherzi）赴南通复测军山台的经纬、海拔等各项数据和检查各项仪器的装置和运转情况，发现其竟然毫无可以指责之处。

二、中国近代气象本科人才培养的产生与发展

（一）中国近代气象人才培养的滥觞（明末—清末）

教会及传教士在中国近代气象人才培养的初期扮演了主要角色。近代西方的气象科技知识最早是由耶稣会传教士在中国的士大夫阶层中传播的。而最早接受西方气象科技知识的代表性人物当数曾官至明朝礼部尚书的徐光启（1562～1633 年）。徐光启是学习近代西方科技知识的先驱。约在万历二十一年（1593 年），徐光启在赴韶州任教时，结识了传教士郭居静（Lazzaro Cattaneo，1560～1640 年），并通过郭居静的介绍首次接触到了西方近代科技知识。此后，在郭居静的引见下，徐光启与耶稣会传教士利玛窦（Matteo Ricci，1552～1610 年）相识。利玛窦在数、理、天文、医学方面皆有很深的造诣。在利玛窦的影响下，徐光启对于气象科学十分重视，在崇祯二年（1629 年），徐光启提出“急要事宜四款”，其中，第四款是加强科学研究，并提出要“旁通十事”，气象科学即是十事之一。[28]

与徐光启同为万历进士且私交甚笃的熊明遇（1579～1649 年）是早期接受西方近代科技知识的另一位代表性人物。熊明遇曾任明朝兵部尚书、工部尚书等职，在其致仕前后与耶稣会传教士庞迪我（Diego de Pantoja，1571～1618 年）、毕方济（Francesco Sambiaso，1582～1649 年）、熊三拔（Sabbatino de Ursis，1575～1620 年）等皆交往密切，并深受西学影响。在气象科技方面，熊明遇著有《日火下降，

旸气上升图》。其弟子游艺在此基础上，将其修改补充为《日火下降，旸气上升诸象图》《云飞雨降雷鸣电掣之图》，形象地说明了大气对流、雷雨产生的过程，并著有《天经或问》等天文气象类书籍。[28]

清初，南怀仁来到中国，凭借其丰富的天文历法及气象知识，被清廷任命为钦天监正，西方近代的气象科技知识得以在官方正统的天文生中予以传播。晚清以后，列强利用特权在中国建立了多个气象观测机构，华人被一些机构聘用，从事一些低技术含量的气象工作，从而掌握了一些基础性的近代气象科技知识。

随着中国自办的近代气象机构的产生与发展，对于气象人才的需求量越来越大。为了满足需求，也曾选拔人员赴列强在华创办的气象机构学习。如张謇考虑“气象不明，不足以完全自治，而明之，必有其地，尤必有其人”。因此，在创办军山气象台时即派遣“数理素娴”的刘渭清到上海徐家汇观象台师从台长、法国耶稣会司铎马德赉学习气象长达 3 年零 1 个月。[51]然而，通过上述方式造就的气象人才基本只能从事一般的气象观测业务，他们既不具备系统的气象科学知识，也缺乏从事气象科研和气象教育的能力。即便如刘渭清那样的气象人才充其量也只能算是高水平的气象业务人才，更何况他只是凤毛麟角，真正近代意义上的中国气象高级人才是以留学方式通过国外高等教育机构培养出来的。

（二）中国近代气象本科人才培养的产生与发展（清末—国民政府时期）

在“师夷长技以制夷”“科学救国”等思想的主导下，近代中国掀起多次留学潮，留学教育成为近代中国高层次人才培养的一个重要形式。近代中国的许多高级人才都经历过国外的高等教育，这些人回国后有相当一部分投身于教育事业，成为近代中国科技发展和高级专业人才培养本土化的先驱和奠基人。气象科学和气象人才的培养亦如此，其早期代表人物当数蒋丙然和竺可桢。

蒋丙然（1883～1966 年）早年毕业于上海震旦大学，后赴比利时留学，攻读农业气象学，并于 1912 年获博士学位。蒋丙然回国后，于 1913 年 7 月受聘为中央观象台技正、气象科科长，开启了中国人利用近代气象科学技术进行定量化气象观测与研究的新篇章。[52]1917 年，蒋丙然受聘为北京大学学生讲授气象学，并编写教材《理论气象学》，这是我国已知最早的由国人自行编撰的近代气象学教科书，也是有资料可查的我国最早的本科层次的气象科技知识传授活动。

竺可桢（1890～1974 年）是我国著名的气象学家和教育家，他于 1910 年公费留美，1918 年获哈佛大学气象学博士学位。竺可桢回国后先后任教于武昌高等师范学校和南京高等师范学校，教授地理学和气象学。1921 年，南京高等师范学校扩建为东南大学，在竺可桢的倡议下，设立了地学系，这是中国大学中设立的第一个地学系。地学系下设地理、气象、地质、矿物四个专业，而气象学专业则是中国第一个本科层次的气象专业。中国近代气象本科人才培养自此开始。[53]1936 年，竺可桢赴浙江大学担任校长，并在浙大创办了史地学系，下设气象组。

20 世纪三四十年代，中国近代气象本科人才主要依靠中央大学地学系、清华大学地学系和浙江大学史地学系进行培养。以中央大学（今南京大学）为例，中央大学气象本科人才培养始自 1920 年竺可桢在当时的南京高等师范学校开设的气象课程。1921 年，南高师改为东南大学，竺可桢在文理科地学系继续开设气象课程。这一时期培养了胡焕庸、黄厦千、陆鸿图、诸葛麒等优秀气象人才。1927 年，东南大学更名为第四中山大学，此后，又相继更名为江苏大学、国立中央大学。在此期间，学校在理学院地学系下设立地理气象门，并延聘从法国归来的胡焕庸为系主任，竺可桢仍执教气象，同时聘请从国外学成归来的沈思屿为助教，从而使气象人才培养的师资力量有所增强。在课程设置方面，又陆续开设了高空测风、航空观测、气象观测实习等课程。这一时期培养了张宝堃、吕炯、朱炳海、杨昌业、易明晖、王炳庭、卢鋈等优秀气象人才。1929 年清华大学成立地学系，开设气象学课程，并设立气象台。1935 年，清华大学地学系设立气象组。

抗日战争全面爆发后，中央大学的气象人才培养工作在逆境中仍获得了较大的发展。1938 年，地学系下设地理组、气象组。气象组在原有课程基础上，又增设了测候学、天气预报、气候学、世界气候等课程。知名气象学者朱炳海、黄厦千、涂长望等均在此承担教学工作，为中国的气象事业培养了周淑贞、徐尔灏、叶桂馨、朱岗昆、冯秀藻、顾震潮、陶诗言、黄士松、陈其恭、吴伯雄、牛天任、盛承禹、吴和赓等一批优秀气象人才。1944 年，中央大学迁址重庆，正式在气象组的基础上成立气象系，系主任为黄厦千，这是中国高等教育史上第一个以专门培养气象人才为目标的二级院系。在建系之后至全面内战爆发之前，中央大学气象系又先后培养了高由禧、张丙辰、张鸿材、胡懿臣、王鹏飞、方烨等优秀气象人才。

至中华人民共和国成立前，中央大学气象系共有黄厦千、涂长望、朱炳海、徐尔灏四位教授，牛天任、吴和庚两位讲师，另有助教、职员三四人，并先后聘请吕炯、赵九章、卢鋈、陶诗言等知名气象学者为兼职教授或讲师。在当时国内气象教育领域，其师资阵容相当强大，因此，其所开设的课程也相对完备，除数学、物理学、外语等基础课外，还开有天文学、地理学、气象学、高空气象、理论气象、气象统计、天气预报、中国天气、测候学、气候学、中国气候与世界气候、大气物理等十余门专业课。这一阶段的毕业生中的优秀代表是樊平、张裕华、陈文言、施尚文、王余初、王世平、朱抱真等。①他们与前述各人都成为中国近现代气象事业各领域的开拓者或骨干力量。

1949 年之前，本科层次的气象人才培养工作在师资力量、培养规模及培养质量方面均获得了较大的发展，但气象学作为一门新兴学科，当时的社会认知度非常低，甚至有人认为“气象人才，不必大量培养，将来出路很有问题”[29]。因此，每年报考的人数很少，毕业人数更是寥寥无几，少则一二人，多的也不过十多人，如清华大学气象系 1948 年的毕业生仅有 4 人，而中央大学自 1920 年培养气象本科人才，至 1949 年，30 年也仅培养了 72 名气象工作者①，可见其人才培养规模之小。显然，这远远不能满足社会的需求。

与此同时，在中共领导的抗日根据地和解放区内，由于气象业务的开展，气象人才的培养也随之发展起来。抗战后期，经中共中央与美军谈判，决定由美方提供仪器，中方提供人员，在陕甘宁边区和华北根据地建立 20 个气象台站。但当时延安的气象人才非常匮乏，于是中共中央决定抽调具有一定气象基础的工作人员到美军观察组气象台共同培训学员。1945 年 3 月，从各解放区抽调了 21 名报务员在延安清凉山无线电通信训练队下成立了第四区队——气象训练队。训练队的教员由一名美军人员和毕业于清华大学气象系的中共党员张乃召担任。当时的学习内容主要是气象知识、美军通报规则、报话机的使用。气象知识主要包括气象常识、气温、湿度、气压、风向、风速、能见度、云的类型及云的高度、云向等项目的观测方法，以及气象仪器的使用、气象电报的格式等。其间训练队还多次去美军观察组气象台参观、实习。这一批学员在学习了三个月后，被分配到各解放区建立气象观测站。这是中共培养的第一批气象工作者。

延安气象台成立后，培养气象业务人才成为其主要任务之一。首批接受培训的是从延安大学、抗大七分校和边区政府抽调的邹竞蒙②等 10 余人。教员仍由美军担任，张乃召负责课外辅导，要求通过为期三周的培训，达到能够值班、进行气象观测的水平。学习内容包括地面观测、经纬仪测风、云幕球测云高；无线电仪器对高空温、压、湿的探测；无线电经纬仪测风；制氢技术。另外，还有对时的操作技术（即保证标准钟的时间准确无误）。此后，在工作中，这批气象人员又接受了天气预报、无线电报务、机务和仪器维修等方面的培训，并学习了无线电

① 刘英金. 风雨征程——新中国气象事业回忆录（第一集）（1949—1978）. 北京：气象出版社，2006。

② 邹竞蒙（1929～1999 年），著名民主人士邹韬奋次子，曾任中国气象局局长，联合国世界气象组织主席。

探测高空温、压、湿设备的原理、计算的原理、普通气象学、天气学、航空气象学、航空动力学等理论知识。

通过以上教学培训，气象人员掌握了多种技能，达到了一专多能，具有较强的实际工作能力。在这种工读结合的教学思想和教学方法指导下，培养出的中共气象事业的早期气象专业人员具有较高的实践操作水平和一定的理论素养，为解放战争，特别是新中国成立后培训更多的气象人员积累了经验，也培养出了教学和工作骨干。

除延安外，东北解放区牡丹江航校也曾开办过一期 12 人的气象班。这批学员在进行气象培训之前，先进行了为期 5 个月的预科教育。其中，第 1 个月进行思想政治教育，后 4 个月进行文化课教育，主要学习初中数学、物理和语文知识。经过培训基本达到初中二年级的数理水平。此后，再进行气象业务培训。主要学习普通气象学、天气学和气象观测学，另外，还进行收发报务的训练。在教学方法上，航校采取互教互学，包教保学，互相帮助，理论结合实际，重视教学实效，迅速把技术学到手的方法，使这批学员在经过为期 8 个月的培训之后，顺利毕业，成为中共航校培养的第一批空军气象人员。

总体而言，中共早期培养的气象专业人才在学历层次上约相当于中等专业水平，在人才类型上也偏重业务，缺乏专门的科研训练和开展科学研究的能力。这主要是由于当时的培养条件非常有限，不得不尽可能使人才直接服务于实践需要。

第三节　中华人民共和国成立后的气象本科人才培养

一、中华人民共和国成立后气象事业的现代化

中华人民共和国成立后，我国气象事业在原本远远落后于发达国家的基础上，经过几代人的艰苦奋斗，到 20 世纪末逐渐走向了现代化，取得了在国际上具有重要影响的成就，在某些领域达到了国际领先水平。本部分内容主要呈现 1949～2000 年前后我国气象事业的发展概况。

中华人民共和国成立之初，通过接收国统区的气象机构，逐步建立起自己的气象业务系统，先后成立了华东、中南、西南三大气象处。1949 年 12 月，中央人民政府人民革命军事委员会气象局（简称军委气象局）成立，涂长望为局长，新中国的气象事业有了统一的管理，标志着中国现代气象事业的诞生。此后，由于朝鲜战争爆发，气象事业的主要任务是为军事需要服务。朝鲜战争结束以后，为配合国家大规模的经济建设，气象部门由军队建制转为政府建制。1953 年 8 月，

军委气象局改称中央气象局，各大军区气象处相应撤销，各省级地方政府建立气象科（后改称气象局）。

1953～1956 年，气象事业的重点是气象台站网的建设。到 1956 年，全国有 99 个气象台、1278 个气象（气候）站。在天气预报方面，军委气象局与中国科学院地球物理研究所合作，成立“联合天气分析预报中心”，负责全国天气分析预报的业务和技术指导工作。此外，对数值天气预报尝试进行先导性研究，为以后开展数值天气预报打下了基础。中长期天气预报的业务也在内部开始试运行。

1957～1966 年，随着农业合作化的推进，气象工作的重点是服务农业，做好农业发展的防灾减灾工作。到 20 世纪 60 年代初期，全国气象台站普遍开展中、短期天气预报，初步形成了中国天气预报业务体系的雏形，预报服务取得了较好成绩。例如在数值预报方面，1960 年中央气象台进行了准业务试验，接近当时国际先进水平。此外，这一时期，中国的气象探测工作发展也很快，地面、高空观测质量和仪器装备都接近当时国际先进水平。

“文化大革命”开始以后，气象事业受到一定的冲击。管理机构瘫痪，制度废弛；仪器失修，报表积压，基本资料整编停顿，气象业务工作和气象服务质量下降，有些观测项目漏缺。这一状况直到“文化大革命”后期有所好转，如逐步采用电子计算机、卫星云图接收等新技术，筹建北京气象通信枢纽、卫星气象中心等。1972 年，世界气象组织恢复中国合法席位后，气象外事工作也打开了局面。

改革开放以后，气象事业确定了“积极推进气象科学技术现代化，提高灾害性天气的监测预报能力，准确及时地为经济建设和国防建设服务，以农业服务为重点，不断提高服务的经济效益”的指导方针，并在随后制定的《气象现代化建设发展纲要》中提出“到 20 世纪末，力争建成适合我国特点、布局合理、协调发展、比较现代化的气象业务技术体系，把经济发达国家气象部门在 70 年代或 80 年代初已经普遍采用了的先进技术在我国各级气象部门广泛采用”的奋斗目标，从而使气象事业重新步入了健康发展的轨道。

经过半个世纪的发展，尤其是改革开放后 20 年的发展，至 20 世纪末，中国的气象事业取得了重大成就，业务水平得到大幅提高，气象为防灾减灾、国民经济建设和社会发展服务的能力迅速增强，形成了基本气象系统、科技服务和综合经营共同发展的新格局，基本实现了气象事业的现代化。到 2000 年前后，我国已经建立了较为完善的气象业务体系，初步形成天基、空基和地基相结合，门类比较齐全，布局基本合理的综合观测系统，并且建立了比较完善的气象法规体系和管理制度。基础设施建设和制度建设确保我国在气象领域取得了一批世界瞩目的科研成果，也在国际气象领域发挥了重要作用，广泛建立并不断增强了与相关国际组织、世界气象组织成员方和地区的合作关系。[1]与此同时，也培养了一批专业化的气象人才队伍。

二、中华人民共和国成立后的气象本科人才培养发展过程

我国的气象人才培养大致经历了1949～1956年的短训期，全面建设社会主义阶段（1956～1966年）的规范发展期，“文革”至改革开放前（1966～1977年）的停滞期，改革开放以后（1978年以来）的恢复和迅速发展期等四个时期。

在新中国成立初期，气象人才培养以短期培训为重要特征。新中国成立之后，虽经延安时期的培养以及对国统区气象人员的留用，气象专业人才仍极度匮乏。据粗略统计，全国仅有八百人“可资调用”[54]，难以满足气象台网建设和开展气象服务工作的需要。为解决人才不足这一突出问题，中央军委气象局在采取启用接手的气象台站技术人员和号召国外留学人员回国参加工作等举措的同时，特别是确定了“短期的、操练式的、与实际需要密切结合的大量培训”的指导方针，以短训班的形式，大量培养能够适应业务需要的地面观测人员。据统计，1949～1956年，中央军委气象局（中央气象局）、空军及各大军区先后举办了30多期各类短训班，培养初级气象技术人员1万多人，基本满足了新中国成立初期气象事业发展的需要。

在全面建设社会主义阶段，我国气象人才培养获得了一定的规范发展。1956年以后，气象人才的培养逐步开始了大规模的专门化的学校教育。1955年中等专业性质的中央气象局北京气象学校成立，下设气象、农业气象、高空气象3个专业。1956年成都气象学校改为中等专业学校，设气象、农业气象、气象通信3个专业。1958年，湛江气象学校成立，设气象、农业气象、海洋水文气象3个专业。这3所中央气象局所属的中等专业气象学校于1955～1960年，共计培养中等专业层次的气象人才3965人，另有1年制短训班结业生3869人。

1959年8月，中央气象局在河北保定召开了第一次全国气象教育工作会议，会议提出：今后中央气象局所办的学校，无论是高等院校还是中专院校，都是少数重点院校，属于提高性质，在培养数量上难以满足地方气象部门的需要，所以各地方气象部门也要独立培养中高级气象人才。这次会议加速了省属气象中专院校的发展，到1961年，计有22个省级气象部门设立了气象学校（或气象班），培养中专生3800多人。

随着中等气象人才的大规模培养，基层气象业务人才短缺的矛盾暂时得到缓解，而高等气象专业人才的需求矛盾则逐步凸显出来。新中国成立初期，有南京

大学、清华大学、浙江大学、山东大学，以及一些农业院校等少数高校从事气象本科人才的培养工作。以南京大学气象系为例。南京解放后，南京大学为适应气象业务发展的需要，气象专业本科招生规模大幅增加，1950 年即招生 30 人。1952 年院系调整，南京大学文理学院与金陵大学、金陵女子大学文理学院合并为南京大学气象系。气象系主任为朱炳海，同时调入浙江大学和齐鲁大学的么枕生、吴伯雄两位教授，经过院系调整，南京大学气象系的师资力量得到了进一步增强。

院系调整后的南京大学气象系设置了气象、气候、大气物理三个专业。气象系的学生要学习两门外语和两年的数学、物理基础课，同时要学习十几门专业课，气候专业的学生还要学习天文学、地理学、生物学的相关课程，而大气物理方面的学生则要学习四大力学。此外，气象系的学生要参加两次生产实习和一次毕业实习，都是到省市气象台站实习并当班。1960 年，当时的高等教育部为适应空间科学发展的需要，批准南京大学气象系设立高层大气物理专业，培养高层大气物理和高层大气探测方面的人才。高层大气物理本科专业共培养了两届学生，并培养了两名硕士研究生，后因与经济发展不适应，毕业生无法对口使用，该专业于 1964 年停办。

从 1949 年到 1966 年，南京大学气象系教职工从十余人增至百余人，17 年间为国家培养了 1796 名大学生①，有力地促进了新中国气象事业的发展。但较之于中国气象事业对于人才的需求，类似于南京大学这样综合性高校的气象本科人才培养规模仍是杯水车薪，难以从根本上解决气象高级人才匮乏的问题。正如时任中央气象局局长的涂长望在《关于气象事业 12 年发展远景及 1956—1957 年主要任务》中所指出的，“要实现上述规划，我们必须在 12 年内具有数以百计的博士以上的高级科学研究干部和数以千计的大学毕业以上的科学研究干部。而与之相应地，我们也必须增加大批的具有一定政治水平并能独立工作的行政、政治干部。但是目前，虽然有一批作为骨干的干部，但与完成规划所需要的比较起来，我们的干部不仅在数量上少得可怜，而且在质量上也还不能满足需要。”[55]为此，他在该报告中列出的实现 12 年发展远景规划的关键性措施中第一条就是培养干部。

对于中级技术干部的培养，涂长望认为培养起来比较容易，可以交给有条件的地方气象局承担对于中级技术干部的培养，中央气象局将集中力量建设北京、成都、湛江 3 所中等技术学校，从而可以基本上保证对中级技术干部的需要。对于高级技术干部的培养，鉴于北京大学、南京大学以及北京农业大学等综合性大

① 刘英金. 风雨征程——新中国气象事业回忆录（第一集）（1949—1978）. 北京：气象出版社，2006。

学所培养的大学生远远不能满足气象事业发展的需要，经高等教育部同意，将于1958年建立气象学院。根据规划需要，气象学院每年必须招收600名学生，方能满足气象事业及其他方面的需要。对于研究干部的培养，根据远景规划的要求，约需要2000多个各种层次的研究干部。初级研究干部可以通过大学培养，但中级及高级研究干部则必须通过三种方式来培养：一是派研究生到苏联和其他国家去学习，二是通过各大学及科学院开设的硕士研究班与博士研究所来培养，三是通过气象业务系统内设的研究机构培养。对于在职干部的培养，可以通过开办一所干部学校来实现，既可提高在职干部的文化水平，又可提高其业务水平。[56]

根据远景规划的布局，中央气象局开始着力增强气象业务系统自身的对于气象人才，尤其是高级人才的培养能力。1953年，在原军委气象局气象干部学校的基础上成立了北京气象专科学校，归中央高等教育部领导，这是中国第一所专门培养气象专业人才的高等院校。此后，北京气象专科院校划归军队建制。为了满足气象业务发展对于高等气象专业人才的需求，1960年1月，经中央气象局申请，教育部批复，决定以南京大学气象系为基础，成立南京大学气象学院，设天气与动力气象学系、气候学系、大气物理学系，每个系各设一个专业，学制5年，在校生规模为2000人。

1960年，南京大学气象学院正式招生，在气象系、农业气象系下的天气与动力气象学、大气物理学、气候学三个专业招收新生，暂借南京大学开展教学工作。1963年5月，南京大学气象学院独立建院，更名为南京气象学院，全校有教职工247人，其中专任教师120人，在校生有594人，1966年前，扩充至807人。

1966～1976年期间，气象人才培养工作受到严重干扰，新中国成立以来初步形成的气象教育体系遭到破坏，高等、中等气象教育曾中断4～6年，北京气象专科学校、湛江气象专科学校等一批气象院校停办，生源规模大幅削减。学生全部是推荐入学，质量参差不齐；此外，学制缩短，教学内容也被压缩，导致气象专业人才的整体教育质量出现大滑坡，毕业生难以适应工作需要。到“文革”后期，约有60%的气象从业人员没有经过正规的业务培训[55]，气象人才队伍素质明显下降。

改革开放以后，气象人才培养得以恢复和迅速发展。“文革”结束以及改革开放开始后，气象事业开始全面恢复，急需大量中高级专业人才。于是，各省级气象部门纷纷恢复和新建中等气象学校，至1984年，全国共计有21所中等气象学校。同年，中央气象局在南京召开了气象教育工作会议，要求除3所直属气象中专院校继续面向全国培养中等气象专业人才外，内蒙古、新疆、青海三地的气象学校只负责民族气象人才的培养，其他省份的气象学校主要承担在职培训的业务。

到20世纪90年代，大部分省属气象学校转为气象培训中心。

在气象本科人才培养方面，随着高考恢复，各高等院校开始恢复气象专业本科生的招生培养工作。在气象业务系统内，1978年，南京气象学院被批准列入全国重点高等学校，在原有天气与动力气象学、大气物理学、气候学、大气探测（1974年增设）4个专业的基础上，又新增人工影响天气和气象自动化2个专业，当年在校生为975人（含短训班101人），并首次招收硕士研究生7人。至此，该校已发展成为气象学科专业齐全，多学科协调发展，具有硕士研究生和博士研究生培养资格的全国重点大学。1981年，该校获批成为首批硕士研究生培养单位，可在天气动力学、气候学、农业气象学3个专业招收研究生。1984年，大气物理专业获得硕士学位授予权。1994年，该校天气动力学专业改为气象学专业（天气动力学方向）；大气物理学专业改为大气物理学与大气环境专业（大气物理学方向）；大气探测专业改为大气物理学与大气环境专业（大气探测学方向），并首次在气象学专业招收博士研究生。1998年，大气物理学与大气环境专业获准招收博士研究生，并获准设立大气科学博士后科研流动站。自1985年开始，该校的本科在校生规模开始呈现逐年大幅增长的趋势（表2-3）。

表2-3　南京气象学院1978～2000年本科在校生规模

年份	1978	1985	1988	1989	1993	1995	1996	1997	1998	1999	2000
人数	975	1594	1820	1845	2513	3024	3712	4075	4860	6815	8143

1978年，原成都气象学校升格为成都气象学院，设气象雷达、气象通信、高空气象、气象4个专业。该校于1980年成为首批具有学士学位授予权的高等院校，于1984年开始设置气象系、气象探测系和电子技术应用系，分别设有气象专业、气象探测技术专业和电子技术应用专业（由原气象雷达、气象通信专业合并，同年又调整为通信工程专业）。至2000年，该校已发展成为以气象工科为主要特色的本科院校。同样于1978年，北京气象专科学校恢复招生，设天气预报、农业气象2个专业。该校于1984年改建为北京气象学院，并开始招收本科生，但以在职干部教育为主要任务。1998年，该校转建为中国气象局培训中心。此外，其他部委属高校气象人才的培养也获得了较大的发展。1978年，全国恢复高考之后，南京大学、北京大学等10所高校的气象类专业开始恢复招生，并开始了研究生的培养工作。1981年，学位制度实施之后，南京大学、北京大学、兰州大学、中山大学等高校先后获得硕士、博士学位授予资格。

自2000年院校管理体制划转地方之前，中国气象本科人才培养基本形成了行业高校和部属综合性高校两套培养体系。气象行业高校以“厚基础、重实践”为导向，以培养适应行业需求的业务主导型人才为主。而其他部委所属的高校，尤其是教育部直属的综合性高校则以培养科研型、师资型的理论主导型人才为主。两者相辅相成，基本满足了气象事业发展对于本科层次人才的需求。然而，21世纪初，我国气象人才队伍虽然庞大，但高层次、高素质人才仍旧不足，人才结构不尽合理。在学历层次上仍以本科以下为主体，具有博士学位的人员只有1%左右，并且人才队伍的区域分布也很不均衡。[1]不仅如此，人员队伍的专业结构和素质结构也难以适应气象事业的跨越式发展，运用现代化装备和技术的能力颇显不足，具备多学科交叉知识和能力背景的人才较为缺乏。

第三章　我国气象本科人才培养的环境及需求

人才培养活动不是孤立进行的，而是存在于一定的政治、经济、文化社会环境之中，那种“两耳不闻窗外事，一心只读圣贤书”的世外桃源式的求学境界是超现实的,即便存在,培养的也可能是缺乏社会责任感和人文关怀的“怪才”“书呆子”。从空间上来看，环境因素有宏观国家、中观区域、微观学校及其周边地区之分；就内容而言，有社会环境因素、经济环境因素、政治环境因素等。本书致力于本科层次气象人才培养问题的研究，拟立足宏观层面，从经济因素、高等教育发展状况和气象行业发展状况三方面入手，探讨气象本科人才培养的外部环境因素及气象事业发展对气象本科人才的需求状况。

第一节　影响我国气象本科人才培养的经济因素

经济一词源于希腊语。古希腊史学家和作家色诺芬在其语录体著作《经济论》一书中，将“家庭”和“管理”两词合而称之为“经济”。经济作为人类社会的物质基础，是构建和维系人类社会的必要条件，也是分析其他社会问题无法逾越的前提。

一、当前我国的经济制度

所谓经济制度，从马克思主义政治经济学的视角来看，是指人类社会发展到一定阶段上占统治地位的生产关系总和，即一定社会形态的经济基础。从理论上来讲，一般认为有两种典型的现代经济制度模式，即利伯维尔场经济制度和中央计划经济制度。而从历史经验和现实存在来看，绝大多数国家的经济制度是介于两者之间的混合物。如以美国为代表的利伯维尔场型经济制度，以德国为代表的社会市场型经济制度，以日本为代表的国家导向型市场经济制度，以法国为代表的国家主导型市场经济制度[56]，虽说都是资本主义的利伯维尔场经济制度，但它们并不完全排斥计划经济，其经济成分中也有相当规模的国有经济。

就中国而言，20 世纪 80 年代之后，随着改革开放的不断深化，逐渐摸索出一套具有中国特色的社会主义市场经济制度，也就是在国家的宏观调控下，使市场在资源的配置中起基础性作用。其主要包含以下几方面特征。

（1）社会主义市场经济体制与社会主义制度相结合。这主要体现在生产资料所有制和分配方式方面。在生产资料所有制上，社会主义市场经济坚持以公有制为主体，发挥国有经济的主导作用，同时，多种所有制经济长期共同发展。公有制经济与其他所有制经济以各种形式彼此融合，并且都要进入市场平等竞争。公有制为主体，多种所有制经济共同发展也是我国的一项基本社会经济制度，是所有经济活动乃至其他社会活动的制度基础，也从根本上决定了我国教育的投入机制。在分配方式方面，坚持以按劳分配为主，同时允许其他符合市场经济要求的分配方式存在并发挥作用。坚持效率优先，兼顾公平，对各种生产要素和生产成果进行市场化的评价。

（2）市场在资源配置中起基础性作用。资源配置的市场化是市场经济的根本特征。市场机制是推动各生产要素流动和促进资源优化配置的基本运行机制，所有经济活动都直接或间接地处于市场关系之中。供求关系及其他因素引起的价格变动，必然引起社会资源的重新配置，从而实现市场对资源的调配，使资源的使用效率达到最大化，并最大限度地满足社会和个人的需要。

（3）完善的市场规则。社会主义市场经济规则大致有三类。一类是直接作用于市场的市场运行制度和规则，如市场竞争规则、等价交换规则等；一类是企业经济行为和企业内部管理规则，如企业法人地位规则、企业内部人事规则、收入分配规则等；还有一类是政府经济行为规则，如处理政府和企业之间关系的规则、不同层级政府直接关系的规则等。

（4）以间接调控方式为主的宏观调控体系。建立以间接调控方式为主的宏观调控体系的核心要义在于使政府职能实现转换。在市场经济制度下，政府的主要职能应是创造良好的发展环境以为市场主体服务，通过制定经济发展规划、宏观经济总量控制、重大比例关系和产业结构的调整、社会资源的总体配置和生产力布局、合理确定社会经济发展战略，以及集中必要的资源进行重点建设等，使社会资源得到合理利用，促进社会的可持续发展。同时，通过制定和实施经济法规，建立和维护市场秩序，保护公平竞争。[57]

因此，社会主义市场经济作为我国当前的社会经济制度，是人才培养等各类社会活动的基本前提，其基本特征必然对人才培养活动产生根本性的影响。基于此，社会主义市场经济是本书分析气象本科人才培养问题并探寻适应性改革路径的大背景。

本科层次的人才培养，即本科教育，是我国教育体系的重要组成部分，更是高等教育的主干（就规模而言）和基础（就学历层次而言）部分，同时也是为国民经济和社会发展提供人才保障和智力支持的主要支点。经济和社会的发展对于人才的层次、规格、类型的需求是多样化的，既需要高层次的科研创新人才和管理人才，同时也需要能在业务一线实际操作的技能型人才，这些都能（或者需要）通过本科层次的人才培养予以实现。

与此同时，在市场经济条件下，高校逐渐以独立的办学主体的身份参与市场竞争，这就要求高校在办学过程中必须以市场为导向（即树立正确的人才培养目标）。人才培养活动走向市场，其实质就是在国家的宏观调控之下，发挥市场机制在人才培养活动中的资源调配功能，通过供求关系直接或间接地影响人才培养的目标、过程、制度及评价等各环节，使其与社会需要对接更加紧密。而作为行业特色人才培养，其市场导向主要就是行业需求，因此，承担行业人才培养的高校，应更加关注行业结构（尤其是人才结构）特点和发展趋势，在制定人才培养目标，实施人才培养过程时，密切跟踪这一趋势，行业需要什么类型的人才，就着力培养什么类型的人才。

此外，需要强调的是，高校的人才培养除了受到市场规律的影响外，还主要受教育自身规律[58]的支配。教育领域与市场领域分属不同，自成一方天地，但两者同时又有着千丝万缕的联系，彼此之间相互影响，市场对人才的需求要通过教育来实现，教育对人才的培养要通过市场来检验。因此，高校的人才培养活动，必须将市场规律和教育规律有机地结合起来，学会两条腿走路，偏废一方都会使人才培养活动走入歧途。而把握好两者关系的关键在于质量。质量是一个内涵相当宽泛的概念，笔者从本书出发，认为质量就是高校培养的人才对于国家、行业、企业、家庭及受教育者个人在客观上的使用有效性和主观层面的满意度。市场需求的多样性使其对于本科人才的质量要求既非单纯的知识灌输，也非片面的技能强化，而是应该在尊重人才培养规律的前提下因需制宜。

二、当前我国的经济水平

新中国成立以来，尤其是 20 世纪 70 年代末实行改革开放之后，我国的经济发展水平不断攀升，综合国力持续增强，取得了举世瞩目的伟大成就。据统计，1991 年以后的近 30 年间，我国国内生产总值（GDP）增长率基本上维持在 6.7%以上，“十一五”期间的 GDP 年均实际增长更是达到了 11.2%，远高于同期世界经济年均增速，是改革开放以来 GDP 增长最快的时期之一。在经济总量方面，2010 年，我国国内生产总值已达 397983 亿元，扣除价格因素，比 2005 年增长 69.9%，按平均汇率折算达到58791亿美元，首次超过日本，成为仅次于美国的世界第二大经济体。[①]近些年，在我国经济高质量发展的同时，经济依然保持高速增长，与美国的差距在不断缩小。经济发展的同时，国家财政实力因之明显增强，2010年首次超过8万亿元，2017年已超过17万亿元。

国家经济水平的提高以及财力的增强为提高政府对教育和气象这些带有基础性、公益性和服务性特征的行业的投入能力提供了有力的保障。统计资料显示，2005年全国教育经费总投入为8418亿元，2009年达到16503亿元，2016年达到38866亿元。国家财政性教育经费投入在2009达到12231亿元，并且占GDP的比例在2012年首次超过4%，在2016年首次超过3万亿元。普通高校生均预算内事业费在2005年为5375.94元，2009年为8542元[②]，到2016年达到18748元[③]，增长速度很快。

气象行业作为基础性社会公益事业，坚持“公共气象、安全气象、资源气象”的行业发展理念，其发展主要靠政府投入[④]，并被纳入中央和地方同级国民经济和社会发展计划及财政预算，同时也通过气象有偿服务自筹一部分资金。图3-1是2010～2016年中国气象部门财政经费投入的一个基本情况，虽部分年份及部分内容有缺失，但仍能反映出气象部门经费投入在21世纪之初大幅增加的趋势。经费的大幅增加有效地促进了行业的发展，使气象科研水平、业务能力得到有效提升，甚至行业结构也随之发生重大变革[⑤]。

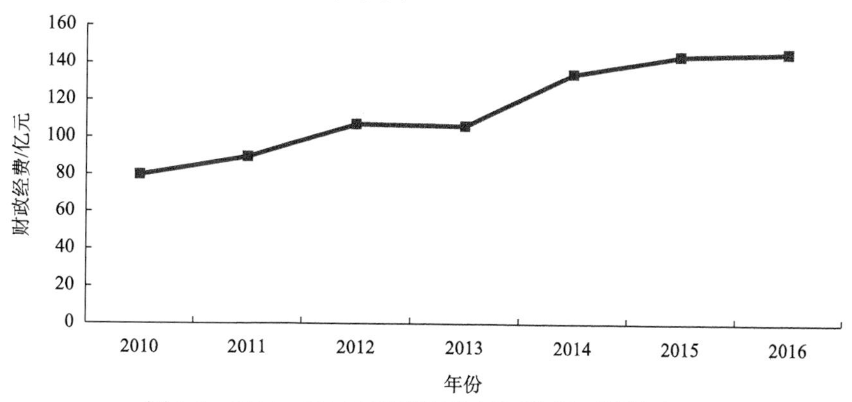

图3-1　2010～2016年我国气象部门财政经费增长情况

根据《中国气象年鉴》相关年份数据汇总

① 国家统计局国民经济综合统计司.“十一五”经济社会发展成就系列报告之一：新发展、新跨越、新篇章.[2017-02-25]. http://www.stats.gov.cn/ztjc/ztfx/sywcj/201103/t20110301_71313.html。

② 教育部发展规划司.“十一五”经济社会发展成就系列报告之十三：教育事业发展成就显著。[2017-04-02]. http://www.stats.gov.cn/ztjc/ztfx/sywcj/201103/t20110310_71325.html。另有关高等教育的发展状况的讨论详见本章第二节。

③ 教育部，国家统计局，财政部. 2016年全国教育经费执行情况统计公告. [2017-07-22] .http://www.moe.gov.cn/srcsite/A05/s3040/201710/t20171025_317429.html。

④《国务院办公厅转发中国气象局关于加快发展地方气象事业意见的通知》(国办发〔1997〕43号)。

⑤ 关于气象行业发展状况的讨论详见本章第三节。

第二节　影响我国气象本科人才培养的高等教育因素

教育在内涵上有广义和狭义之分。广义的教育泛指一切有目的地影响人的身心发展的社会实践活动。而狭义的教育则主要是指学校教育，也就是指教育者根据一定的社会要求和受教育者的发展规律，有目的、有计划、有组织地对受教育者的身心施加影响，期望受教育者发生预期变化的活动。鉴于此，我们也可以对有关气象本科人才培养的教育活动加以广义和狭义两种界定。广义的气象教育泛指一切以传播气象知识、提升受教育者气象科技能力和水平为目的的社会实践活动。狭义的气象教育即通过学校的专业性训练使受教育者掌握系统的气象科技知识，以提升其气象科技能力和水平的活动。

高等教育作为上层领域重要组成部分，其发展必然受经济因素的影响，应该说，高等教育与经济的协调发展具有全局性和关联性。前文已述，近年来，随着我国经济体制改革的不断深化，经济水平的不断提升，我国的高等教育体制处在不断的变革之中，其水平也随之得到了明显的提高。

一、我国高等教育体制变革

新中国成立之后，为了适应逐步建立起来的中央计划经济制度，高等教育也形成了一套计划模式。如在招生就业方面由国家教育主管统一制定招生计划，统一安排就业分配，地方政府只是单纯执行国家的高等教育政策，高校则成为政府的附属机构，办学自主权非常有限。

高度集中的高等教育体制的形成有其特定的历史背景，也符合当时的社会经济体制，同时也为当时的经济发展和社会进步培养了一批优秀的人才。但是，这种体制的弊端也是明显的，尤其是当20世纪末中国实现经济体制改革之后，这种体制已无法适应社会主义市场经济的发展需求。例如学校制定的人才培养目标与社会需求相脱离，围绕人才培养目标设置的本科专业结构也不符合社会需求，因条块分割而分别设立的部属高校和地方高校存在严重的重复建设现象。面对这种局面，高等教育体制开始本着“简政放权”的思路实施改革。

首先，扩大了高校的办学自主权。按照举办、办学和管理相分离的原则，使高校具备了独立法人的资格，在1998年颁布的《高等教育法》中明确规定，“高等学校在民事活动中依法享有民事权利，承担民事责任”，“高等学校对举办者提供的财产、国家财政性资助、受捐赠财产依法自主管理和使用”。

其次，放宽了社会力量办学的限制条件。1982年颁布的《中华人民共和国宪法》和1997年颁布的《社会力量办学条例》均赋予了社会力量办学的合法地位。而1993年颁布的《民办高等学校设置暂行规定》和2002年颁布的《民办教育促进法》则清楚地指出民办高校及其教师、学生享有和公办高校及其师生平等的权利。

再次，建立了高校收费制度。通过实施“自费”和“公费”两种收费标准的“双轨制”，进行学费制度改革，并最终确立了统一的高校收费制度。

最后，由中央向地方让渡部分教育管理权力。依据“两级管理、地方为主”的改革目标，通过“共建、调整、合作、合并”的方式，将大部分原部委属院校划转地方管理，地方政府对高校的统筹权和决策权得到增强。专科学校的设置权，发展高职教育和大部分普通本科教育的权力，如招生、专业设置、收费和教育教学等，全部给予地方政府。从而使部委属院校由20世纪90年代最多时的360多所，锐减至2007年的111所，地方高校在全国高校中的比例达到了94.2%。

通过高等教育体制改革，有力地促进了高等教育的发展。首先，随着高校办学自主权的扩大，高校办学的自主性也随之增强，办学水平得到提高。高校在某些领域，如教师聘用、职称评聘、干部任免、收入分配及经费管理等，获得了一定的自主权，进而推动了高校在内部管理体制方面的自我革新。通过对聘任制度、考核制度、分配制度的改革，高校有效地调动了教师的教学和科研积极性。其次，高校收费制度的改革使高校获得了相对充裕的经费保障，使高校的办学条件得到了有效改善，这在一定程度上也激励着高校提高办学质量，以吸引更多的生源。再次，实现了办学主体和办学形式的多元化。在政策的允许和政府的鼓励下，中外合作办学、独立学院等社会力量进入高等教育领域。据统计，至2008年，全国民办高等院校达到了1507所，其中，拥有学历颁发资格的有638所，分别占全国高校总数的48.1%和20.4%。[59]到2016年，全国民办高等机构数增至1554所，其中普通高等学校增至741所。①

二、我国高等教育大众化趋势

高等教育大众化是美国学者马丁·特罗在《从大众向普及高等教育的转变》《高等教育的扩张和转化》两文中，就高等教育进行阶段性划分时提出的概念。根据他的观点，在一个国家中，当其大学适龄青年接受高等教育的比例低于15%时，该国的高等教育处于精英高等教育阶段；15%～50%时，为大众化高等教育阶段；

① 教育部.高等教育学校（机构）数. [2021-09-22]. http://www.moe.gov.cn/jyb_sjzl/moe_560/jytjsj_2016/2016_qg/201708/t20170822_311604.html。

高于 50%时，则为普及化高等教育阶段[60]。随后，马丁·特罗又发表了《从精英向大众高等教育转变中的问题》一文，对三个阶段进行了深入系统的分析，全面阐述了其高等教育发展阶段理论。马丁·特罗依据量变和质变理论，分析高等教育在精英、大众化和普及化三个阶段在观念、功能、管理和课程方面存在的质的区别。

马丁·特罗认为随着高等教育的受众由少数精英向大众过渡，并最终实现普及，人们在观念上经历了高等教育是“少数出身好或天赋高或两者兼备的人的特权”向“具有一定资格者的一种权利”和全体人的“一种义务”的转变；在目的和功能上，从“塑造统治阶层的心智和个性”，向“提高人们的社会适应能力，为发达工业社会大多数人的生活做准备”转变；在高等教育系统方面，学校类型从单一的全日制普通高校，演变为多种办学模式共存的多样化系统，学校与社会间的泾渭分明的界限逐渐消失，学术标准从共同的高标准向多元化转变，课程逐渐淡出专业化；在生源选拔方面，从依据成绩择优选拔向引入非学术标准、尊重个人意愿转变；在领导决策方面，公众开始介入原先由“少数学术精英”垄断的决策体系，高校内部的行政管理也出现吸纳校外人才加入的趋势。[61]

我国的高等教育大众化进程肇端于 20 世纪 70 年代末改革开放之后。1978～1985 年是我国高等教育第一次规模扩张期，在校生人数年均增长比例为 10.23%。1998～2002 年是我国高等教育第二次规模扩张期，在校生人数年均增长比例为 26.11%[62]。经过两次规模扩张，尤其是经过 1999～2002 年连续三年的大扩招，至 2002 年，我国高考录取率达到 59%；各类高校在校生数达到 1900 多万人，居世界首位；平均每所高校的在校生数为 6700 人，高等教育毛入学率达到 15%，进入高等教育大众化阶段。①

从 2003 年开始，国家开始对高等教育的规模扩张进行宏观调控。至 2006 年，高等教育招生规模的增幅降为 7.05%，同比下降 5.7 个百分点。普通本专科在校生增幅 11.34%，同比下降 5.78 个百分点。但由于之前的增长过快，招生规模和在校生数基数过大，我国高等教育的在校生数在 2006 年仍达到了 2500 万人，高等教育毛入学率达到 22%②。截至 2017 年，高等教育在学生规模达到 3779 万人，毛入学率达到 45.7%③，已经越来越接近普及化。

大众化有力地促进了我国高等教育的发展，使更多的学生和家庭实现了上大

① 茅于轼. 大学扩招带来了什么?民营经济报，2006-10-16(B03)。

② 丰捷. 高等教育招生增长得到有效控制. 光明日报，2007-3-8(1)。

③ 教育部. 2017 年全国教育事业发展统计公报. 中国教育报，2018-07-21(003)。

学的愿望。然而在这种高等教育机会增多、受众面扩大的大众化形势下，人们的真实感受却是高等教育越来越不公平，普遍觉得高等教育的城乡发展差距在拉大，各社会阶层接受高等教育的地位不平等，高等教育的地区差异（如教育机会、教育质量）也在拉大。显而易见，大众化的到来，使原来主要以满足优势社会群体接受高等教育的阶段转变为主要以满足弱势社会群体接受高等教育的阶段。其次，我国高等教育的大众化是在政府主导下实现的，在一定程度上，规模的扩张超越了高等教育自身的承受力，在师资队伍、教学资源、基础设施等方面都难以为继，高等教育培养质量呈现下滑的趋势。

上述这些现象都在气象本科人才的培养活动中得到了反映，笔者将在第五章中予以讨论。

第三节　影响我国气象本科人才培养的行业因素

行业人才培养不可避免地会受到行业因素的直接和决定性的影响，如行业结构的变化、行业科学技术水平的发展、行业业务发展重点的调整以及行业对应学科的发展趋势等，这些因素的变化都会导致行业对人才产生新的需求，并进而影响行业人才培养的目标定位、过程实施、制度的制定和评价标准的调整等。

一、全球气象事业的发展趋势

中国的气象事业在新中国成立后得到了迅速的发展，目前已达到了中等发达国家的水平，但与美国等具有国际一流气象科技和业务水平的国家相比，中国仍有相当大的差距。因此，这些发达国家引领的国际气象事业的发展趋势就是我国气象行业未来赶超的方向。

与此同时，面对全球化的趋势，我国气象行业既要面对机遇，也要迎接挑战，若采取逃避全球化趋势的政策，必然要被世界发展的浪潮所淘汰。地球是全人类的地球，而气候则是全地球的气候，气候问题的解决需要全球范围内的努力，中国作为一个大国，在气象领域责无旁贷地担当着重大的责任。

此外，我国人口众多、经济发展水平低、气候条件差、生态环境脆弱，是最易受气候变化不利影响的国家之一，同时我国正处于经济快速发展阶段，应对气候变化形势严峻，任务艰巨。近年来，受全球气候变化的影响，各类极端天气事件频繁发生，造成的损失和影响日益加重。而随着世界范围应对全球气候变化这一前沿领域的研究不断向纵深方向发展；世界气象科学不断向地球气候系统多学科交叉融合方向发展；国际气象防灾减灾不断向综合预警、早期预警方向发展；气象服务不断向多元化、全球化的气象与经济社会融合方向发展；气象观测继续向多圈层的全程、实时和定量监测方向发展；天气预测预报继续向无缝隙的方向发展；气候预测预估模式继续向更广领域、更加集成的气候系统模式方向发展；与气象密切相关的信息技术继续向超大规模集成、网格化、智能化方向发展，发达国家气象科技长期占据优势，并不断拉大与我国的差距，这对我国气象科技发展是一种非常严峻的挑战。

因此，能否紧跟国际气象领域发展潮流，事关我国经济社会发展全局和人民群众的切身利益，事关国家的根本利益。增强气候变化背景下防御极端天气气候灾害能力，增强气候变化综合监测和检测能力，增强应对气候变化气象科技支撑力，是国家加强应对气候变化能力建设的重要内容，是气象科技面临的巨大挑战，同时也是中国气象事业义不容辞的历史责任。

21 世纪的世界气象事业发展的新趋势主要包括以下几个方面：

一是全球气候变化给气象事业发展带来新情况。如绪论部分所言，随着气候变暖，极端天气气候事件出现的频率显著增加，强度显著增强，气象灾害带来的生命财产损失越来越严重。21 世纪的中国气象事业不仅承担着提高天气气候预报预测准确率，而且肩负着提高气候变化的监测水平，为我国在国际气候环境外交谈判中争取主动权，维护我国和发展中国家的权益提供科技支撑的新使命。

二是高新技术的快速发展和应用给气象事业发展带来新的机遇。如通过采用航天飞船、卫星、飞机、海洋浮标、雷达遥感等技术手段，气象探测的范围大大拓展，先进的信息高速传输系统的建立、超级计算的应用、人工影响天气、新型催化技术、人工固碳技术等在气象科技、教育、业务和相关部门中的广泛应用极大地推动了气象事业的发展。针对不同观测手段、不同来源资料，利用当前大数据和云计算等先进技术，可以为数值预报和气候变化研究提供强有力的支撑。

三是学科间深层次的交叉融合成为气象科技发展的新动力。21 世纪的气象科学研究已不再仅仅局限于大气科学或地球科学等自然科学内部，而是与社会科学、可持续发展、外交乃至军事、国家安全等领域相互交叉，深度融合。比如，对灾害性天气气候的形成机理的认识，须重视大气圈与水圈、冰雪圈、岩石圈和生物圈之间的相互作用，这需要相关学科的交叉与融合。

四是各类合作的广泛开展为气象事业的发展注入了新的活力。加入世界气象组织，参与建设世界天气监视网、全球气候观测系统和全球综合对地观测系统等要求加强国际以及国内的广泛合作。建立适应时代发展的高水平专业人才队伍、一线的高级专门人才队伍和高级管理人才队伍，有助于在日益激烈的国际竞争和愈发广泛的国际合作中获取主动。

二、中国气象事业的未来走向

中国气象事业随着科学技术的发展，其内涵已发生深刻变化。关于天气、气候（气候系统）、气候变化的业务和科学研究均在其范畴之内；气象事业与自然科学、社会科学，乃至人文科学相关学科的多学科交叉融合也日益密切；其服务内容，也由传统的天气预报转向天气、气候（气候系统）和全球气候变化监测、预测、评估及对策研究，为经济社会的发展和外交内政的重大决策提供科学依据和支撑。进入新世纪以来，推动科学发展、促进社会和谐、全面建成小康社会已成为新时代社会发展的主题，经济的发展、人民生活水平的提高和国家的安全保障对气象事业发展提出了新要求，保护人类赖以生存的气候-生态-环境资源需要气象事业发挥重要作用。党和政府高度重视气象事业的发展。《国务院关于加快气象事业发展的若干意见》明确要求抓好气象人才队伍建设，加强气象人才教育培训体系建设，以及提高气象工作者的整体素质。文件明确了气象事业发展的基本目标是：以公共气象为发展方向，着重提升气象事业对国家安全的保障能力，提升气象事业对经济社会可持续发展的支撑能力。其核心则是树立“公共气象、安全气象和资源气象”的发展新理念[1]。气象事业的基础性社会公益性质，决定了公共气象是重要的发展方向，与人民生活、国家安全、资源开发等领域密切交织。

《中国气象局关于加强气象人才体系建设的意见》中指出，为培养造就适应气象现代化需要的气象人才队伍，推进气象事业科学发展，就必须进一步加强气象人才体系建设，其指导思想是：认真贯彻党的十七大精神，继续解放思想，全面落实科学发展观，牢固树立人才资源是第一资源的理念，坚定不移地实施“人才强局”战略，依靠人才推动气象事业科学发展，在继续实施和完善“323”人才工程的基础上，重点抓好学科带头人、业务科研骨干和高素质领导人才队伍建设，注重基层一线人才培养和使用，建立和完善有利于人才成长和发挥作用的体制机制，不断优化队伍结构，提高队伍整体素质，为气象现代化建设提供人才保证和智力支撑。该文件除要求到 2012 年在关键业务和科研领域造就一批高层次领军人才和培育具有不同专业特色和核心竞争力的创新团队外，还提出“到 2020 年，建设一支结构合理、素质优良、创新能力强的气象人才队伍。形成适应现代气象业务发展需要的学科带头人、业务科研骨干人才和高素质领导人才队伍；基层台站和西部地区人队伍的状况明显改善，人才辈出、人尽其才的机制体制不断完善，充满生机和活力的气象人才体系基本形成。”①

总之，气象事业发展战略必然要求实施人才强业战略，加强气象教育、培训体系建设，形成一支规模适度、结构合理的高素质气象业务和科研队伍，培养一批既能敏锐观察和分析国际科技动向，又有较强的科学技术创新能力，并具国际影响的业务和学科带头人、工程技术骨干，为事业发展提供人才保证，而一切皆有赖于本科这一居于承上启下层次的人才培养活动来予以实现。

第四节　我国气象人才队伍状况及未来需求

人才是事业发展之本。气象事业发展问题的解决最终有赖于气象行业的人才因素，正如《国家中长期人才发展规划纲要》所指出的，“人才是我国经济社会发展的第一资源”。经过多年的发展，我国气象人才队伍的整体素质能力和科研业务水平有了大幅提升。在学历结构上，正在向高端优化，高层次人才所占比例逐渐增加，中专及以下学历人员的绝对数量及所占的比重均大幅度减少；在职称结构上，中高级职称人员所占比重逐渐提升，初级职称的人员占比逐渐减少；与此同时，西部地区和基层台站人才匮乏的局面也得到了一定程度的缓解。然而，与国际气象发达国家及我国气象事业未来发展的趋势要求相比，我国气象人才队伍的现状仍与气象事业的发展严重不适应，更难以满足气象事业全面、协调、可持续发展的需要。

一、我国气象人才队伍的规模变化

虽说兵贵精而不在多，一支数量不足的队伍依靠其成员的娴熟业务和高超水平虽可维护组织的一时运转，但毕竟不是长久之计，长此以往，人员难免懈怠，因此，人才队伍的规模是确保其长期正常运转的根本保障。

图 3-2 以部分年份的数据为代表，呈现了我国气象人才队伍的规模变化情况。总体来看，新世纪以来我国气象部门职工人数总量存在明显的增长。2000 年气象部门共有职工 59113 人，随后年份职工总人数略有下降，到 2004 年以后人数又有所回升，至 2007 年气象部门职工总数达到 62324 人，2010 年达到 67962 人，2013 年达到 72563 人，到 2016 年又略有下降，为 70718 人。但正式职工数量基本上变化不大，2000 年时固定合同制职工共有 56226 人，随后曾出现下降趋势，到 2007 年固定合同制职工人数降至 53321 人，到 2016 年则为 53153 人。职工总数增长主

① 中国气象局.《中国气象局关于加强气象人才体系建设的意见》，2009。

要来自编制外劳动用工，2000 年以来，其增势明显。2000 年气象行业有编制外劳动用工 1887 人，2007 年即增至 9003 名，到了 2010 年则达到了 14356 人，2013 年达到 18137 人，2016 年为 17565 人。此外，从图中数据还可以看出，2010 年以来我国气象人才队伍规模变化并不大。

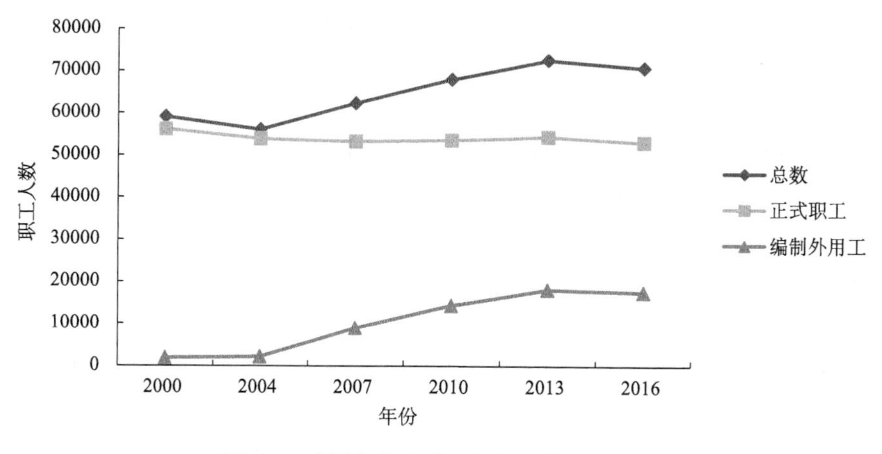

图 3-2　我国气象人才队伍的规模变化情况

数据来自《中国气象年鉴》

二、我国气象人才队伍的结构特征

人才队伍结构是一支队伍整体实力和水平的客观物质基础，也是其最直观的反映，因此，在分析气象人才队伍现状时，必须探讨其当前的结构。一般而言，人才队伍结构包含两层含义，一是个体（即队伍中每一成员）素质结构，二是整体（即整个人才队伍）素质结构。个体素质结构主要通过能力结构、知识结构得到反映，整体素质结构则主要由学历结构、年龄结构、能级结构、学院结构和专业结构组成。

（一）个体素质结构

1. 能力结构

气象从业人员的能力结构主要包括观察能力、想象能力、思维能力、书面表达能力等，而最核心的能力应当是其业务实践能力和科研创新能力。笔者认为，能够直观反映业务实践能力的应是天气预报的准确率。天气预报的准确率是直接关系国计民生的一项基础性气象业务工作，也是民众最为关注的气象服务工作。气象预报的准确率受主、客观两种因素的影响。客观上，地球大气是一个非线性系统，同时，人们难以对大气系统的初始状态和影响大气运动的因素作出精确的观测，从而决定了人们不可能对大气的未来状态作出准确的预测，完全精确的天气预报也就因之无从谈起。因此相对大气系统的可预报性而言，准确率是一个相对概念。主观上，天气预报的准确率受到气象业务人员能力结构的影响。

在这一点上，我国天气预报的准确率虽呈逐步上升的趋势，但与欧美发达国家相比，仍存在不小差距。以定量降水预报为例，2005 年，美国国家环境预报中心（NCEP）国家水文预报中心 24 小时 1 英寸（相当于大雨）定量降水指导预报的 TS 评分为 29%，2 英寸（相当于暴雨）预报的 TS 为 22%；而中央气象台在 2005 年的大雨预报 TS 为 17%，暴雨预报 TS 为 13%。尽管因地域不同、观测资料密度存在差异，预报质量评定结果并不能作为严格意义的比较，但仍能反映出预报精度上的明显差别[63]。这就从一个侧面反映了我国气象人才队伍的业务能力。

另外，气象人才队伍所承担的国家重大科研课题的数量和获奖数量，能够从侧面反映科研创新能力。其中最重要的一项指标，笔者认为是国家自然科学基金项目。21 世纪初以来，气象人才队伍所承担的国家自然科学基金项目数逐渐增多。2004 年气象部门获批国家自然科学基金项目 27 项，总经费 874 万元；2007 年气象部门获批国家自然科学基金项目 69 项，总金额达 2352 万元；2010 年气象部门获批国家自然科学基金项目 88 项，总金额达 3165 万元；2013 年气象部门获批国家自然科学基金项目 101 项，总金额达 6367 万元；2016 年气象部门获批国家自然科学基金项目 91 项，总金额达 5179 万元。无论是项目数，还是经费数，均有较大幅度增长。具体见图 3-3。

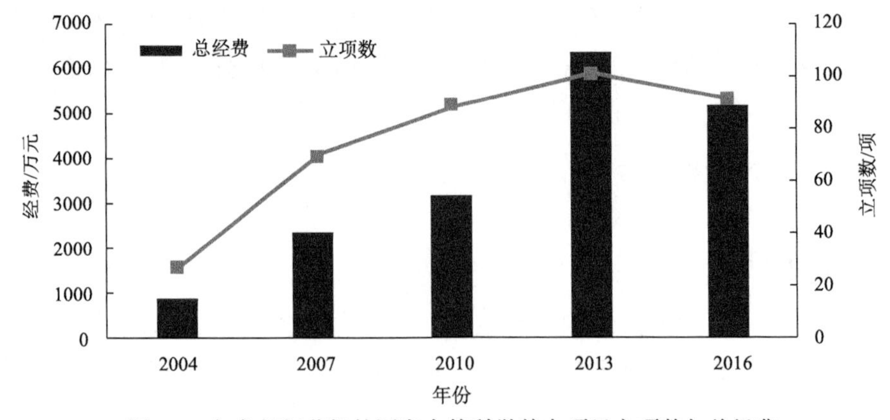

图 3-3　气象部门获批的国家自然科学基金项目立项数与总经费

数据来自《中国气象年鉴》

2. 知识结构

气象从业人员的知识结构主要是指其对气象及其他与其岗位相关的专业知识掌握的深度和广度。下面以气象业务中的一项新兴的同时也是与国计民生密切相关的业务——防雷工作为例①，来剖析当前我国气象从业人员的知识结构。从知识结构的层面而言，防雷工作从业人员需掌握气象专业知识、电子基础及电气应用知识、建筑及机械面的知识、国家法规及规范方面的知识，以及市场开拓方面的知识。

气象专业知识包括雷电基础知识、雷雨路径及分布情况的相关知识、当地地形及雷击情况的相关知识、常用防雷手段和常用设备操作知识。电子基础及电气应用知识则包括防雷理论与电子基础知识、防雷理论与电气应用知识。建筑及机械面知识主要掌握土建工程中的地基和框架，安装工程中的给排水、取暖及通风，供电工程及高层金属门窗等防雷重点部位的相关知识，以及设计加工防雷设施的能力和知识。国家法规及规范方面的知识是出自不同部门不同级别的大量规范和规定，有些是专门针对防雷的，有些则是含有防雷章节的其他专业规范，有些是新编写的，有些则是已过时的，这就要求防雷从业人员及时更新知识。市场开拓方面的能力和知识主要指面向社会与个人和群体交往以拓展业务的能力和知识。

防雷工作是气象服务领域里重要而又常规的工作，易操作、技术成熟是其特点。但通过前文的分析，胜任这一业务岗位仍要掌握大量的知识，构建复杂的知识结构体系。而面对如此要求，即便防雷领域的业务人员也不得不承认“要想一一掌握的可能性不大”[64]。这既反映了当前气象业务和科技对人才知识结构要求的复杂程度，又反映出气象人才队伍知识结构相对单一的现状。

（二）整体素质结构

1. 学历结构

学历结构是衡量气象人才队伍专业理论基础知识水平的标志，同时也是其业务能力和科研水平提升的储备基础。就目前气象事业发展的趋势而言，一般要求从业人员必须具备本科及以上的学历。

近几年，我国气象人才队伍高学历的发展趋势日益明显，从图 3-4 可以得到明显反映。从 2000 年至今，大学本科学历人才的比例在不断上升，由 2000 年的

①2011 年“7·23”甬温线特别重大铁路交通事故的直接诱因就是火车动力系统受雷击导致火车运行停止的。

16.9%上升到2010年的47%。研究生及以上学历的高层次人才在气象行业队伍中所占的比例也有所上升，从2000年的1.2%上升到2010年的7%，绝对数也从2000年的661人上升到2007年的3841人。相反，中专及以下学历人员的比重呈现明显的下降趋势，2000年中专及以下学历人员所占的比重为59.7%，到2010年这一比例已降至20%。目前，我国气象行业人才队伍的学历结构已基本呈现纺锤形的特点。

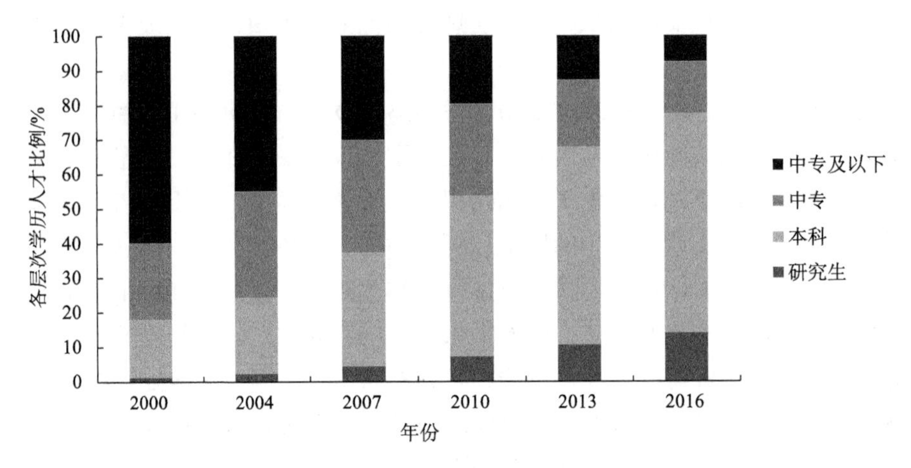

图3-4　我国气象人才队伍的学历结构

数据来自《中国气象年鉴》

2. 年龄结构

年龄结构主要是指某一特定时期气象行业不同年龄阶段从业人员的比例情况，这是气象行业部门业务和科研活力的直观反映，同时也是队伍发展潜力的重要指标。

总体上来看，我国气象人才队伍未来将是一支充满朝气活力和具有巨大发展潜力的队伍。在我国气象人才队伍中，45岁以下的中青年占到多数，并且具有高学（历）低（年）龄和低学（历）高（年）龄的特征，即高学历层次人员年龄总体上较年轻（图3-5）。图3-5呈现了近些年我国气象人才队伍的年龄结构及其变化情况，可以看出，35岁及以下的青年年龄组所占的比例最高，达到1/3左右。从图中还可以看出，50岁以上的人员的比例呈上升趋势，这说明我国气象人才队伍在一定程度上可能存在老化的倾向，这或许与近些年我国气象部门人才引进规模增长放缓有关。

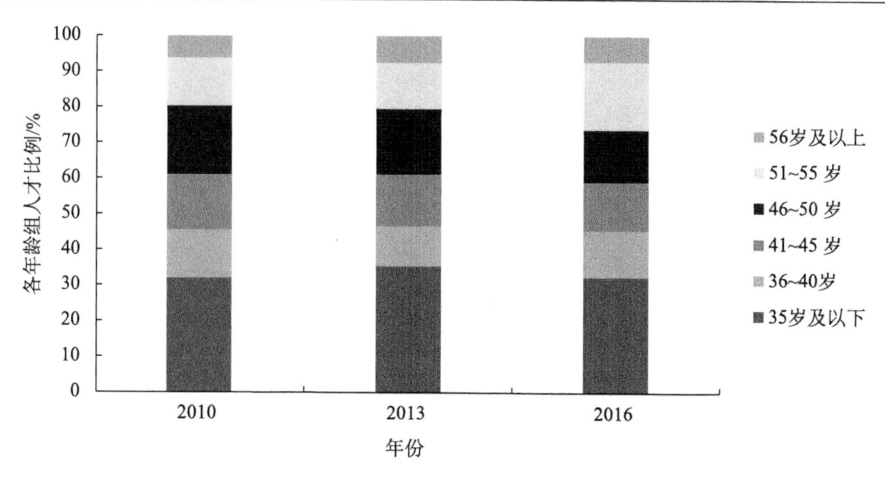

图 3-5　我国气象人才队伍的年龄结构

数据来自《2016 年中国气象年鉴》

3. 能级结构

能级结构是指气象人才队伍中，领军人物、正高职人员、副高职人员、业务和科研骨干等高层次人员所占的比例，这是气象人才队伍业务和科研能力的综合反映。一般而言，能级结构的调整是一个渐进的过程，并且是以学历结构和年龄结构为前提的，即能级结构的改善有赖于学历结构和年龄结构的优化。截至 2016 年底，气象行业人才队伍中高级职称人员有 9603 人（其中正高 755 人），占正式职工总数的 18%，中级职称人员 24059 人，占 45%，初级职称人员 15535 人，所占比重为 29%，其余人员不具有专业技术职称资格。

历史数据表明，我国气象人才队伍与学历结构相似，也呈现出重心上移的趋势，初级职称的比例不断下降，中级职称和高级职称的比例均有所提高，中高级职称人员比重逐年上升，并且其纺锤形的结构形态也初步显现，即中级职称的比例最高。具体如图 3-6 所示。

4. 学院结构

学院结构主要是指气象人才队伍中人员的来源结构，即不同高校某级学历的毕业生在气象人才队伍中所占的比例。我国具备气象本科及以上学历层次人才培养资格的高校计有北京大学、南京大学、云南大学、中国科学技术大学、复旦大学、东华大学、华东师范大学、中国海洋大学、浙江大学、上海大学、成都信息工程大学、同济大学、扬州大学、兰州大学、南京信息工程大学等。其中，气象

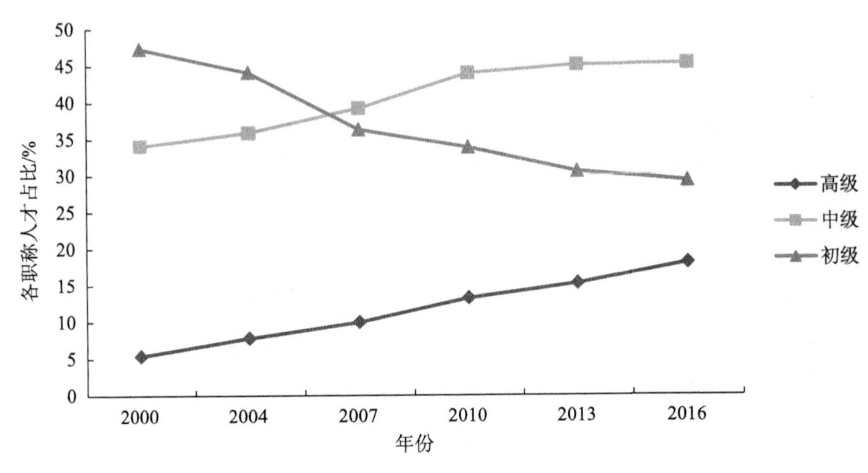

图 3-6　我国气象人才队伍的职称结构

数据来自《2016 年中国气象年鉴》

人才队伍中来自有“中国气象人才摇篮”和“中国气象事业黄埔军校”之称的南京信息工程大学的毕业生人数最多，一度有超过一半的气象业务骨干毕业于该校。另有数据显示，目前中国气象行业每年引进的新职工中，约有 1/3 来自南京信息工程大学。

学院结构相对单一，这既有历史原因，即南京信息工程大学的前身——南京气象学院是中央气象局主管的高校，本身就承担着为气象行业输出人才的职责；也有现实的基础，即南京信息工程大学目前的大气科学类本科及以上人才培养规模约占国内高校总培养规模的一半以上，因此，其所培养的毕业生自然在行业中占据数量上的优势①。但这也的确反映出我国气象人才队伍在学院结构方面需要适当做出多样化的调整。

5. 专业结构

专业结构是不同专业背景人员在气象人才队伍中的比重情况，它反映的是气象行业业务和科研服务的重点及未来发展的方向。

2010 年，气象人才队伍的专业结构主要是：大气科学专业 21426 人，占 40.2%，其中，大学专科以上学历的占 62.3%；地球科学其他专业的有 2159 人，占 4.0%；信息技术专业的有 9608 人，占 18.0%；其他人员 20128 人，占 37.8%。这在一定程度上反映了我国气象事业学科交融的发展趋势。

①不包括原解放军理工大学等军队院校。

三、与部分气象发达国家人才队伍状况对比

我国当前的气象人才队伍在数量和结构方面是否合理？换言之，与世界气象发达国家相比差距何在？笔者据已掌握的资料试言之。就队伍规模而言，我们可以通过表 3-1 寻找答案。我国气象人才队伍在总量上远超其他气象发达国家，看似过于臃肿，但与本国的国土面积和人口总数比较之后，就可以发现，我国气象人才队伍的规模基本居于中等规模水平。也就是说，就我国的国土面积和人口总量而言，我国的气象人才队伍的规模是相对适宜的，与气象发达国家大致相当。

表 3-1　中国与世界部分气象发达国家气象从业人员数量统计表　（单位：人）

国别	加拿大	法国	英国	德国	韩国	澳大利亚	美国	中国
队伍规模	1900	3500	1800	2546	1200	1455	15000	62324
每万平方千米气象人员数	2	64	75	71	120	2	16	65
每千万人中气象人员数	576	538	295	310	240	766	484	479

数据来源：中国气象局培训中心咨询报告《主要发达国家气象业务人力资源和员工培训情况调查》（2005 年）和《中国气象年鉴》（2008 年）。

就人才队伍的结构而言，在个体素质结构方面，上文已经以定量降水预报为例，就中美之间的差距做了直观的比较，事实是我们的确存在着比较大的差距。在整体素质结构方面，就学历结构而言，法国气象工作人员中有将近 80%具有研究生学历。就年龄结构而言，加拿大出现了严重的年龄老化的现象，自 2003～2008 年，每年的适龄退休人员比例不断攀升，2008 年达到了最高的 21%；而且其管理层也出现了堪忧的断层现象，中层以上管理人员基本都在 50 岁以上。就专业结构而言，加拿大气象人才队伍中专业科技人员占据绝大多数，其中，气象学家为 26%，技术支持人员占 29%，电子信息类专家占 19%，物理学家占 11%，而管理和其他专业的辅助人员占 15%。澳大利亚气象工作人员中，气象专业人员占 33%，技术支持人员占 38%，电子信息类人员约为 10%，管理及其他专业人员占 19%。[①]

四、我国气象行业人才需求状况

通过对我国气象人才队伍规模和结构变化的分析，以及与气象发达国家气象

① 中国气象局培训中心. 主要发达国家气象业务人力资源和员工培训情况调查. 2005(5)。

人才队伍的比较，并结合我国气象事业未来的发展趋势，可以对其未来需求走向有基本的把握。我国气象人才队伍在规模总量相对适宜的前提下，主要需要解决的应该是结构问题。首先，在个体素质结构方面，我国气象人才在能力和知识结构方面与欧美发达国家气象人员相比均有较大差距，以天气预报水平为标志的业务水平亟待提高，而知识结构既不够专精，也不够博通。其次，在整体素质结构方面，高层次人才的比例不足。一方面，本科学历人才逐渐成为气象人才队伍的主体，但本科毕业生较难胜任高技能工作的要求，而研究生层次学历结构人员比例相对不足；另一方面，副高及以上领军和骨干人才仍然偏少。最后，在专业结构方面，以大气科学学科为主，跨学科专业人才的比例不足。

中国气象事业围绕其未来发展战略，曾明确提出“一流装备、一流技术、一流人才、一流台站”的战略目标。随着气象科学技术的迅猛发展，气象科学的发展呈现出更加细分化和跨学科、跨专业两个趋势，细分化的发展趋势要求大量高层次的人才，而跨专业、跨学科的趋势则要求大量的具有多学科专业背景的复合型高层次人才。发达国家利用先进的探测系统和高性能的计算机系统，并通过持续的技术开发，建立起了以数值分析技术为基础的天气、气候的预警、预报、预测和预估系统，这是世界气象预报预测技术的发展趋势和潮流。受气象科学技术发展趋势和社会分工日益精细化趋势的影响，我们的气象专业技术也日益朝更加精细化的领域发展，专业性要求越来越高，这就要求我们建设一支具备更高专业素养的气象科技人才队伍。对此，我国气象行业内部已经有了清醒的认识，并在努力做出调整。

中国气象局于 2013 年发布的《气象部门人才发展规划（2013—2020 年）》中明确提出，要建设一支规模适度、结构优化、布局合理、素质优良的气象人才队伍，确立气象部门人才竞争比较优势，不断提高高层次人才的比例。未来发展要求为：人才总量适度增长，队伍规模稳步壮大；人才素质明显提高，结构进一步优化；人才竞争比较优势明显增强，创新能力不断提升；人才成长环境更加完善。规划预计，到 2020 年，气象人才总量达到 9.9 万人左右，大学本科以上学历人才占队伍总量的比例由 2010 年的 53.8%增长到 74%左右。具体人才队伍的规划情况如表 3-2 所示。在人才素质方面，上述规划也指出了我国气象人才队伍建设与气象事业发展之间所存在的不相适应的问题，比如，人才队伍总量和结构与现代气象业务发展需求之间的矛盾日益突出，高层次创新型人才和关键领域人才紧缺，基层人才队伍整体素质有待提高。这与前文的判断基本一致。

表 3-2　《气象部门人才发展规划（2013—2020 年）》中的主要指标[①]

指标		2010 年	2020 年
总量	气象人才资源总量	67600	99000
	国家编制人才资源总量	52200	56400
	地方编制人才资源总量	1600	6800
	编制外聘用人才总量	13800	35800
人才总量层级分布	国家级	3300	4900
	省级	15500	18500
	地市级	21300	27300
	县级	27500	48300
国家编制人才结构	硕士和博士人才数量	4500	10000
	大学本科以上学历人才比重	53.8%	74%
	高级职称人才比重	13.2%	23%
	中级以上职称人才比重	57.2%	80%
	大气科学类专业人才比重	41.8%	55%

总而言之，本科层次的人才是我国气象行业人才队伍的基础乃至主体，本科气象人才培养是气象人才队伍建设的重要保障。气象行业的未来人才需求在学科领域和人才素质方面均呈现出多元化倾向，跨学科、多（学历）层次、多类型、专业化与通识性相结合的复合型人才是气象人才队伍未来发展的方向。这也需要我们强化气象本科人才培养改革，培养出适应时代需求的高层次人才。

① 中国气象局.《气象部门人才发展规划（2013—2020 年）》，2013。

第四章　国外高校气象人才培养典型案例

他山之石，可以攻玉。在分析我国气象人才队伍现状之后，着手探求气象发达国家人才培养活动的经验和规律，将有利于下一步探寻我国高校气象人才培养的问题、问题产生的原因和解决之道。因此，本章将重点以美国、俄罗斯、日本等国高校气象人才培养为案例，考察国外气象人才培养的特点。

第一节　美国高校气象人才培养

美国是世界公认的气象强国，不论科学研究还是业务水平均处于世界领先地位，其人才培养活动，尤其是高校的人才培养活动可以说是厥功至伟。

一、美国高校气象人才培养的现状及趋势

（一）大气科学人才培养规模不断扩展

美国大气科学人才培养规模从相关权威机构所作的统计可见一斑。美国国家科学基金会（National Science Foundation，NSF）自 1966 年开始，即根据不同指标对美国的学位教育进行了系统的数据统计。图 4-1～图 4-3 分别给出了 1966～2012 年

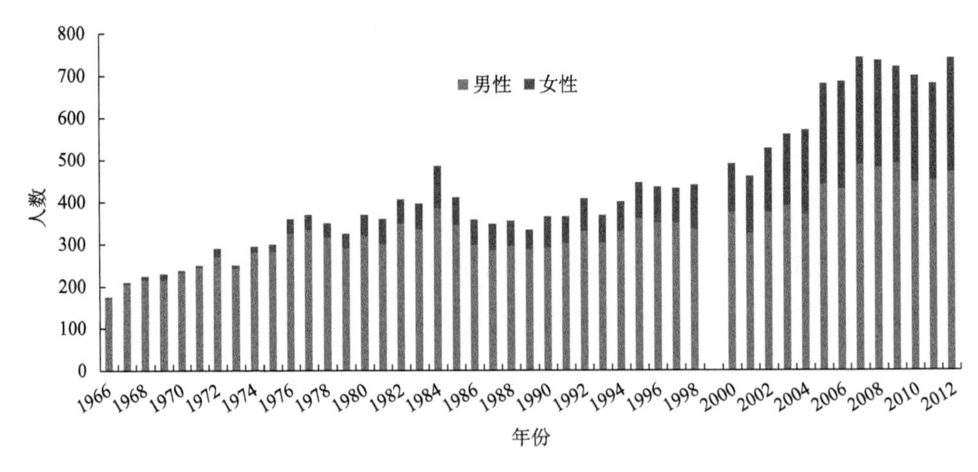

图 4-1　1966～2012 年美国大气科学学士学位获得者数量

1999 年数据缺失

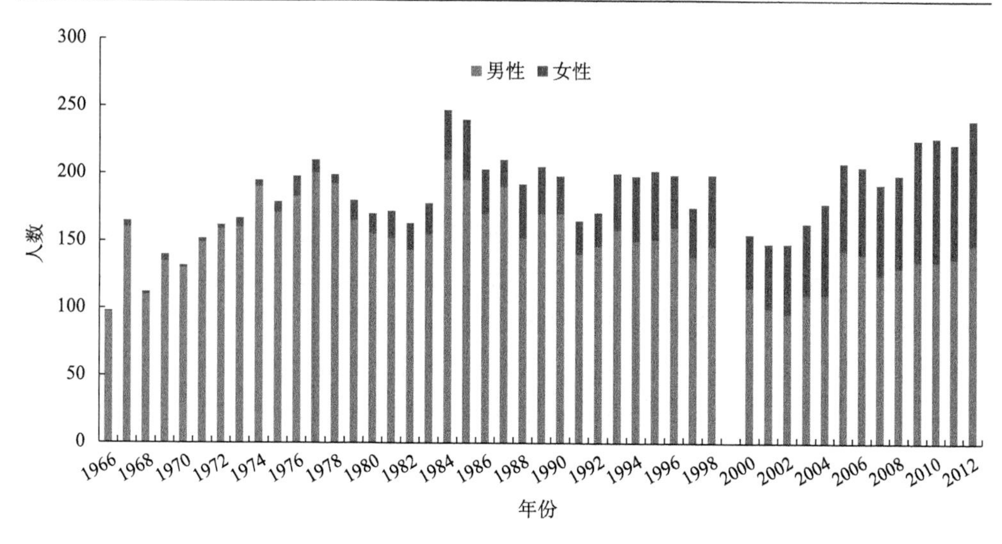

图 4-2　1966～2012 年美国大气科学硕士学位获得者数量

1999 年数据缺失

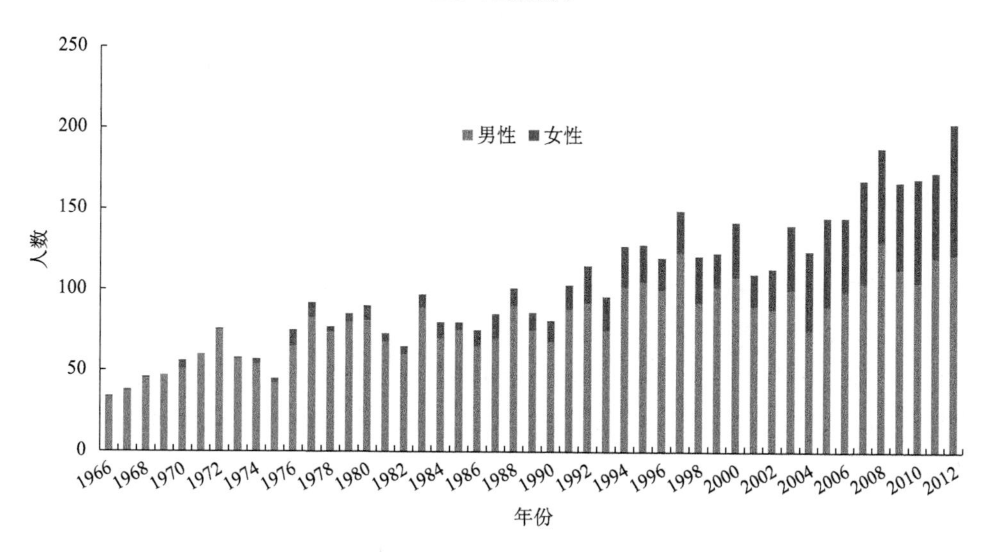

图 4-3　1966～2012 年美国大气科学博士学位获得者数量

美国大气科学学士、硕士和博士学位获得者人数随年度变化的趋势。①

从学士学位获得者的人数来看，1966～2002 年基本保持稳定，2003 年以来保持较快的增长趋势，其中女性学士学位获得者的人数增长较快（图 4-1）。

从硕士学位获得者的人数来看，硕士学位获得者的人数虽然起伏较大，但自

① About the National Science Foundation. [2017-01-22]. https://www.nsf.gov/about/。

20 世纪 70 年代以后，人数基本上是在 150～200 人之间变动，80 年代中期出现近 250 人的峰值后，2012 年再次出现 240 人的高值。另外，在 80 年代以前女性硕士学位获得者的数量非常少，自 2003 年以来，女性硕士学位获得者所占比例不断增加，至 2012 年已接近 40%（图 4-2）。

从博士学位获得者的人数来看，大气科学博士学位获得者的数量在近 60 年里呈明显上升趋势，自 2007 年以来涨幅较快，2012 年达到 205 人的峰值。其中，女性博士学位获得者人数的增加仍然是总人数增加的主要原因（图 4-3）。

总体来看，美国大气科学人才培养规模不断扩展，尤其是自 2003 年以来，学士、硕士和博士学位获得者的人数逐年攀升，博士学位获得者占硕士学位获得者的比例较高，尤其是女性获得学位人数有了大幅度的提升。

（二）教学与科研“双轮驱动”

早在 1996 年，美国国家科学基金会就制定了地球科学教育的战略建议，在这份计划中明确提出了将教育和研究结合起来是推进所有层次上的科学教育改革的最佳途径。20 世纪 90 年代，美国国家航空航天局（National Aeronautics and Space Administration，NASA）以大学为基地，开始实施地球系统科学教育计划，旨在促进大学建立地球系统与全球变化科学的学术基地。首批共 22 所大学入选参加了地球系统科学教育计划，其中包括斯坦福大学、加州大学洛杉矶分校及普林斯顿大学等著名学府。按照要求，每所大学都要设立一门概况课程和一门高级课程。概况课程的目的是使选修的学生基本了解地球的物理气候系统与人类和生态系统的相互关系。高级课程的重点是吸引来自不同学科的高年级学生共同探讨联系地球系统各单元的物理、化学、生物过程的概念与计算模型。参与地球系统科学教育计划的教师不但要理解科学与教育的重要问题，而且要致力于推动地球科学交叉领域研究生教育。其中，马里兰大学专门设立了地球系统科学交叉学科中心（Earth System Science Interdisciplinary Center，ESSIC），由气象系、地质系、地理系与 NASA 戈达德太空飞行中心共同建设，为对地球系统科学感兴趣的研究生提供研究机会。ESSIC 为本科生提供的主要课程包括：全球气候变化的原因与含义，天气与气候，大气圈，全球环境，地球系统科学，物理与生物化学循环，遥感概论，科学家与工程师的气象学。[65]

（三）高校与相关社会组织联合培养

早在 20 世纪 70 年代后期，美国承担大气科学类人才培养职责的高校就预测到它们的教学活动中具有对实时天气资料的需求。于是，美国国家科学基金会和一些顶尖科学家开始筹划一项由美国大学大气研究联合会（University Corporation for Atmospheric Research，UCAR）主持的国家计划，让天气资料通过该项目进入校园。这一思路的定位虽然与美国国家科学基金会主要支持创新性研究的传统主旨有所偏离，但其一旦实施，将在大学的研究和教学中获得巨大的效益，让所有的决策者倍加重视。1983 年，80 多所大学的代表在威斯康星大学所在地麦迪逊聚会，通过了 Unidata 项目的实施方案，于是，通过网络和数据分析软件进行地球科学研究的新时代随着计算机和网络技术走进更多的校园和家庭而终于到来[66]。Unidata 项目是要建立一个开放的合作联盟，联盟内各大学共同开发和共享大气教育软件。与此同时，其所秉持的开放和共享、免费的理念，从项目的一开始就得到各方的支持。Unidata 项目已经为相关机构和部门服务 30 多年，现在的 Unidata 项目更加致力于帮助教育工作者和科学家获取和使用地球科学的相关数据。为此，开发人员着重对云技术、数据近似值处理技术、更高效的分发机制和高级可视化技术等进行改进和研发①。

（四）气象人才培养机构众多、层次分明

在美国，不仅博士生的研究方向拓展明显，就是本科生教育，其大气科学及相关学科教育也在不断地扩展。根据美国气象学会（American Meteorological Society，AMS）的资料表明，2005 年美国已有近百所大学包含有大气科学及相关学科学位教育②。其中有博士学位授予资格的共 65 所，有硕士和学士学位授予资格的大学分别有 78 所和 73 所。我们通过相关资料还发现，与大气科学学位有关的大学共涉及 96 所，其中 18 所仅授予学士学位，1 所仅授予硕士学位，12 所仅授予学士和硕士学位，22 所仅授予硕士和博士学位，其他大学能够授予学士、硕士和博士学位。这反映了美国大气科学教育机构众多和层次感强的特点。从大气科学教育系统和完整性的角度来看，美国能够培养从学士到博士所有层次人才的大学，应该是美国大气科学教育的核心（表 4-1）。[15]

从表 4-1 的数据中，我们看到，即使是美国全面设置大气科学各层次学位教育的大学，其教师队伍规模不大，少而精的教师队伍是其特点之一，平均有 7 位教授或名誉教授，3.5 名副教授和 2.7 名讲师，基本上呈倒三角。这些大学中，既包括了许多美国乃至全球的著名学府，如华盛顿大学、耶鲁大学等，也有很多地

① Unidata Tour. [2015-01-22]. https://www.unidata.ucar.edu/about/tour/。

② AMS: Index of Universities and Colleges by Degree Offered. [2016-04-22].http://www.ametsoc.org/curricula/degreeindex.htm。

方性的名校，在美国各地的分布也较为广泛。分析这些授予大气科学及相关学科学位大学的具体系或研究机构的名称，我们发现，包括大气科学或气象等传统称谓的仅有27家，至少从名称上，大气科学在美国已经快速与地球科学、海洋、地球物理以及地质、物理、空间、地理和环境等学科交融。

表4-1　美国可授予大气科学学士、硕士和博士的大学情况　（单位：人）

大学	院系/研究机构	教授/名誉教授	副教授	讲师
亚利桑那大学	大气科学系；大气物理研究所	2	4	1
不列颠哥伦比亚大学	地球与海洋科学系	3	4	2
加利福尼亚大学戴维斯分校	土地、大气与水资源系	8/1	1	1
加利福尼亚大学洛杉矶分校	大气科学系	9/2	2	4
芝加哥大学	地球物理系	5/2		
康奈尔大学	地球与大气科学系	3	2	1
达尔豪西大学	物理系；大气海洋学系	4	8	2
丹佛大学	物理学与天文学系	7	1	7
佛罗里达理工学院	海洋与环境系统部	6	5	
佛罗里达州立大学	气象系	8/4	5	2
佐治亚理工学院	地球与大气科学系	12	3	12
佐治亚大学	物理与天文系	3	6	5
夏威夷大学	海洋与地球科学技术学院气象系	4	7	1
伊利诺伊大学香槟分校	大气科学系		4	3
印第安纳大学	地理学系		4	1
爱荷华州立大学	地质与大气科学系	6/2	2	1
约翰斯·霍普金斯大学	地球科学学院地球与行星科学系	5/1		2
麦吉尔大学	大气与海洋科学系	3	5	3
麦克马斯特大学	地理地质学院	4		2
迈阿密大学	气象学与物理海洋学部	7/1	6	
明尼苏达大学	土壤、水与气候系	2/1	1	2
内布拉斯加大学林肯分校	地球科学系	9/1	6	1
新汉普郡大学	地球、海洋与空间研究所	14		
纽约州立大学奥尔巴尼分校	地球与大气科学系	5/1	2	1
纽约州立大学石溪分校	陆地与行星大气研究所	6	2	2

续表

大学	院系/研究机构	教授/名誉教授	副教授	讲师
北卡罗来纳州立大学	海洋、地球与大气科学系	11	9	4
俄亥俄州立大学		11	2	
俄克拉何马州立大学	气象学院	10/2	5	2
宾夕法尼亚州立大学	气象系	11	5	7
普度大学	地球与大气科学系	8	2	1
新泽西州立罗格斯大学	大气科学专业；气象专业	5	2	2
南达科他矿业及理工学院	大气科学系	4/2		2
圣刘易斯大学	地球与大气科学系	6	5	3
得克萨斯农工大学	大气科学系	7	3	2
多伦多大学	物理系大气物理专业	4/1	1	2
犹他大学	气象系	5	1	2
弗吉尼亚大学	环境科学系	4	3	2
华盛顿大学	大气科学系	13/6		3
威斯康星大学麦迪逊分校	大气与海洋科学系	8	5	1
威斯康星大学密尔沃基分校	数学系大气科学组	2/1	1	2
耶鲁大学	地质学与地球物理学系	11	4	1
约克大学	地球与大气科学系	2	4	0

（五）毕业生就业趋向多元化

众所周知，各类专业的研究生就业情况在很大程度上决定着入学学生的数量和质量，大气科学亦然。因此，美国的多家机构尤其对不同专业学生的就业情况给予特别关注。表 4-2[①]是由美国国家科学基金会对 2016 年美国地球、大气和海洋类博士生就业情况的统计。在确定去处的学生中，博士后的比例超过 60%，反映了就业的压力仍然较大，传统的进入学术机构的博士生仅占 1/10。值得注意的是，企业、出国和其他机构（政府、非营利组织、中小学校等）成为消化博士研究生等高级人才的新的支撑，说明地球科学领域的国际性、公益性和对企业提高效益和影响的特征在明显提高（表 4-2）。

① Science nad Engineering Degrees: 1966-2012. [2015-01-22]. https://www.nsf.gov/statistics/2015/nsf15326/。

表 4-2　2016 年美国地球、大气和海洋博士学位获得者就业情况　（单位：人）

项目	总人数	男性	女性
统计总人数	1226	716	510
确定去向人数	738	443	295
留在美国人数	646	383	263
博士后学习	414	242	172
学术机构就业	74	38	36
企业就业	92	63	29
其他（政府、非营利组织、中小学校等）	66	40	26
出国	92	60	32

（六）学科交叉融合

在美国，大气科学课程正逐渐成为众多理学专业首选的旁听课程甚至学位课指定课程。美国学者 Kidder 等指出，大学文科学生也应该进行气象和海洋学科学训练[67]。即使是最新的大气科学前沿，例如资料同化，要完成从学士到博士各个层次专业课程，也远不同于以往的方法，学过一些基础课程就能够顺利开展教学。在大气和地球系统中，资料同化的目的是利用所有可用的信息决定大气层或地球环境系统的状态，从而进行更好的分析和预报。同化理念和同化技术所吸取的信息，不仅包括了各种观测平台所得到的资料，也包括同时应用不同模式得到的知识和定律。这项在 20 世纪 90 年代迅速发展起来的理论和实际应用技术，急需大学在教育中培养相关专门人才。由此，一些高校呼吁建立资料同化教育国家基地，采取充分共享的途径，综合和利用各高校多学科的教育和教学资源，同时结合业务部门（如 NCEP 和 NASA）研究和业务的实际，邀请世界上最优秀的资料同化专家授课，通过多方协作和合作的方式，更好地完成资料同化这一未来不仅在大气科学，而且在地球科学学科日益重要领域的教学。

总之，美国近 100 所大学中各类大气科学专业课程教育正在发生着重要变化，表现在大气科学和相关学科的大学教育与天气、气候等预报应用和模拟研究等实践内容更为紧密地联系在一起，大气相关专业的教学机构也在充分利用大气科学贴近生活的优势，努力拓展和扩大影响，吸引更多学生关注和参与各种教学活动。而且，美国大学大气科学与联邦政府、科研实验室和业务单位以及企业建立了广泛的产学研合作机制，使得人才培养可以更好地融入实际环境。

二、美国高校气象人才培养的案例

美国气象学会（AMS）为保证美国高校气象人才培养质量，对高校在大气科学本科学士学位的开设课程、师资队伍、设备资源等方面规定了最低要求，AMS鼓励大学和学院在满足最低要求之上开发相关课程。

（一）美国大气科学学士学位认证标准[①]

美国气象学会规定高校所开设的课程必须满足以下几个方面：在师资队伍方面，开课院系必须至少有3位博士学位获得者的全职教师，大气科学教师应该开展课程研究活动，根据研究需要增加教师人数；在教学设施方面，开课院系应具有充足的教室和实验室，能够获取天气和气象方面的相关信息，提供满足本科生研究的学术期刊，能够为学生提供便利的学习环境；在多样性方面，提高大气科学教师队伍的多样性，对达成学生参与学习、留存率等目标具有重要作用；在教学质量方面，课程教学应以学生为中心，将本科生参与科学研究贯穿到课程当中；在职业和学业咨询方面，咨询专家应由具有丰富经验的教师担任，学生定期与咨询专家见面，通过学业和职业咨询可以使学生更好地实现职业目标和兴趣；在学习结果方面，大气科学学士课程目标应由教师进行准确界定，并对学生和潜在的雇主公开。大气科学毕业生所应获得的学习结果包括以下七个方面：掌握控制大气的基本原理和跨时空尺度的典型大气过程；展示对地球-大气-海洋-冰雪圈-生物圈系统的综合理解；诊断、预测和使用技术工具评估多种大气过程；运用批判性和分析性思维，解决与大气科学相关的个人和合作环境中的科学问题；以口头和书面形式与他人进行科学信息的有效沟通；理解和利用大气科学中关于专业行为的正确的伦理行为原则，并意识到预测的科学限度；通过高峰体验，在大气科学以及大气科学与其他学科之间创造、综合或应用知识。除此以外，美国气象学会对所开设的课程进行了规定。

1. 数学和物理必修科目

大气科学涉及物理科学原理和技术在大气中的应用，所以需要有很强的数学和物理背景。这些科目/课程是大气科学专业的必修课程。数学课程包括：微积分、向量和多元微积分、概率论与应用统计学。物理课程包括：力学基础、热力学。

---

① American Meteorological Society. Bachelor's Degree in Atmospheric Science. [2015-03-25]. https://www.ametsoc.org/index.cfm/ams/about-ams/ams-statements/statements-of-the-ams-in-force/bachelor-s-degree-in-atmospheric-science/。

2. 必须具备的能力

除了大气科学所需的专业知识，以下能力也是学生所必须具备的。

科学计算和数据分析：在数据分析、建模和可视化方面的计算技能，以推断大气过程；有恰当的计算环境中开发科学软件的经验；能够将数值和统计方法应用于大气科学问题。

口头、书面和多媒体交流：能够有效地与科学领域、技术领域和非专业领域的人员进行沟通和交流；通过多种方式（包括社交媒体）有效地对当前天气、气候事件和预测进行讨论和解释；能够撰写有效的科学文稿和撰写科学报告。

3. 大气科学必修科目

大气科学专业应开设以下课程，这些课程应贯穿于人才培养的整个过程，当学生完成了数学和物理必修课程之后，他们能够更好地掌握课程内容。

基于大气流体，应掌握：控制方程；空间/时间尺度在确定流体运动性质中的重要性；应用流体运动原理来理解和预测大气环流系统。

基于大气是物理/化学系统，应掌握：通过辐射、对流、湍流和平流，以及这些传输对天气和气候的影响，能量在大气中及其边界之外的转移；产生云和降水的过程；空气污染和污染扩散；化学/气溶胶系统。

基于气候是一个耦合的地球-大气-海洋-冰雪圈-生物圈系统，应掌握：全球能源平衡、大气和海洋的总循环及气候变化；这种耦合系统产生的现象包括厄尔尼诺-南方涛动、季风等；气候变化；水文循环。

基于从测量而产生的大气知识，应掌握：测量原理和不确定度；原位观察；主动和被动遥感（特别是雷达和卫星测量）；观测的统计分析；熟悉新兴的数据采集技术。

基于天气和气候信息对社会的需要，应掌握：天气预报；数值天气预报原理（数据同化、预报、统计后处理和传播）；气候预测和预报；对用户进行预测、预测不确定性和结果风险的沟通；天气和气候影响以降低风险，增强社会的应对风险的能力。

（二）美国佛罗里达州立大学气象人才培养

佛罗里达州立大学气象系成立于1948年，是美国历史最悠久的气象学专业之一。2010年4月22日，地质科学系、海洋学系和气象学系合并组成了地球、海洋和大气科学系（EOAS）。在美国东南部的大学中，佛罗里达州立大学提供的气象学本科和研究生课程是最广泛的。气象学专业的招生人数每年约为 80 名本科生和 80 名研究生。截至 2015 年 6 月，气象专业教授 8 人，副教授 5 人，讲师 2 人。气象学分为 4 个分支：物理气象，动力气象，天气学和应用气象。物理气象学主要研究诸如降雨形成、大气光电现象等的物理成因。动力气象研究用数学方法模拟地球大气的演变，从而用数学模式预报未来的天气情况。天气学主要描述大气的演变并作天气预报。应用气象主要研究气象与气候理论在农业、建筑、经济以及空气污染等方面的应用。本科教育让学生对气象学和气候学的这些分支都有了解。研究生教育则注重某个分支的深入学习。

佛罗里达州立大学气象专业本科课程要求必修基础课 25 学分，包括：微积分/几何分析Ⅰ4 学分；微积分/几何分析Ⅱ4 学分；微积分/几何分析Ⅲ 5 学分；普通化学Ⅰ和实验课 4 学分；普通物理 A 4 学分；普通物理 B 4 学分。专业课程包括主干课程和辅修课程共 68 学分，其中主干课程包括普通气象学、物理气候学、气象计算、大气动力学、天气分析与预报、大气物理等；辅修课程包括普通化学、微积分和解析几何等。

三、美国高校气象人才队伍现状

（一）美国国家层面人才队伍情况

美国从事气象业务和支撑研究人员数量较大。在 21 世纪初期，美国全国在政府机构中从事气象业务和支撑研究的人员大约为 1.5 万人，其中最多的是在商务部，约占 1/3，国防部和交通运输部也分别有 5000 多人和 3500 人左右。表 4-3 给出联邦机构中各种专业人员的数量，其中气象始终是人员最多的专业。

表 4-3　美国联邦机构气象、海洋和水文学等专业人数统计（1998～2002 年）（单位：人）

专业	1998 年	1999 年	2000 年	2001 年	2002 年
气象	2741	2791	2782	2723	2727
海洋	646	642	621	610	628
水文	2382	2361	2370	2384	2426
地球物理	404	405	411	410	412
地质	1674	1666	1655	1689	1700

（二）美国国家海洋和大气管理局（NOAA）人才队伍情况

表 4-4 给出美国商务部整体人员情况，由于 NOAA 在商务部中从人员方面占据到多数，表 4-4 中的数据基本上折射出了 NOAA 人员的概貌。与世界其他各国的人员基本特点相比，除去科学家比例高等相似特征之外，与英国气象局的情况相似，NOAA 的数据处理和研究人员所占比例高是最主要的特征。

表 4-4　美国商务部专业人数构成（1998～2002 年）　　（单位：人）

专业	1998 年	1999 年	2000 年	2001 年	2002 年
总数	9833	9442	9520	9854	10684
科学家	8955	8618	8726	9077	9892
数据处理	4019	3778	3838	3941	4073
设计	64	61	63	65	63
开发	501	472	468	460	455
业务	193	206	205	197	198
管理	479	459	448	455	491
研究	2411	2235	2192	2218	2224
信息	152	165	182	188	197
培训	21	19	18	18	19
标准化	24	22	21	21	22
技术辅助	82	83	83	87	91

四、美国高校气象人才培训与继续教育现状及特点

美国对于气象人才的培训与继续教育十分重视，也颇具自己国家的特色，对气象人才的技能更新与人才资源储备起着极其重要的作用。

（一）顶层设计

美国科罗拉多州的 COMET 计划以高质量和大数量的成品课件，在世界范围内气象计算机辅助教学和培训中处于领先水平，近期该项目扩大了其国际能力开发力度，以改善发展中国家的农村和远程通信及气象信息收集。欧盟的合作项目 EUMETCAL 以其合作与共享的理念独树一帜。这些成绩的取得，是与国家制定出长久的培训规划，将培训与机构的可持续发展联系起来分不开的。2004 年，NOAA 还制定了教育计划，更是将气象培训拓展成为面向社会普及科学的社会责

任。NOAA 还成立了教育和可持续发展办公室和教育委员会，目的就是用更多的 NOAA 数据和信息影响社会。

（二）联合培养

美国气象部门职工的培训工作主要由美国国家天气局（National Weather Service，NWS）的三个培训机构负责。美国的大学和 NOAA 所属的国家实验室也承担一些培训教材的开发和培训班型的设计工作。在包括研究生培养在内的人才培养方面，NOAA 主要和设有气象或大气科学系的各大学合作建立的联合研究所（表 4-5），具有特别的功效。这些研究所是美国气象界将基础研究成果迅速转化成业务能力的主要和有效的机制，其氛围既有大学的学习和创新环境，又和气象业务紧密联系，特别适合培养适用的人才。

表 4-5　美国 NOAA 所属部分联合研究机构[①]

研究机构	合作单位
北极研究联合研究所（CIFAR）	阿拉斯加大学
大气科学和陆地应用研究所（CIASTA）	沙漠研究所
气候和海洋研究联合研究所（CICOR）	伍兹霍尔海洋研究所
湖沼和生态系统联合研究所（CILER）	
海洋和大气联合研究所（CIMAS）	迈阿密大学
中尺度气象联合研究所（CIMMS）	俄克拉何马大学
大气研究联合研究所（CIRA）	科罗拉多州立大学
环境科学研究联合研究所（CIRES）	科罗拉多大学博尔德分校
海洋和大气联合研究所（JIMAR）	夏威夷大学
海洋观测联合研究所（JIMO）	斯克里普斯海洋研究所/加州大学圣地亚哥分校
大气和海洋联合研究所（JISAO）	

（三）注重培训和继续教育

美国气象人才培养特别注重气象人才培训，美国国家层面的气象培训机构分别为堪萨斯国家气象局培训中心（专注职业和技术培训）、俄克拉何马州诺曼警报决策培训中心（专注天气雷达业务培训）以及科罗拉多州博尔德气象业务教育与培训合作计划科（专注气象继续教育）。美国的气象培训工作涵盖针对部门职工培

① 参考自中国气象局培训中心所开展的国外大气科学教育讲座资料。

训、针对行业培训及针对公众进行的气象科普培训。此外，美国的气象人才培训还呈现出国家气象行政部门与高校合作进行多种形式的培训等特点。[13]

五、美国高校气象人才培养对我国的启示

（一）突出学科优势，面向行业发展

美国气象高等教育拥有居领先地位的特色优势学科，有明确的学科方向，随着形势的变化不断调整。重视学科融合，承认学科差异的同时不断打破学科边界，促进学科间相互渗透、交叉。学科融合既是学科发展的趋势，也是产生创新性成果的重要途径。与此同时，美国气象高等教育面向气象行业发展需要进行人才培养，因此我国气象人才培养要围绕重大科学和技术问题，进一步拓展气象学科与其他学科的融合（气象工科、信息、管理以及其他支撑学科），优化学科专业设置，增设气象工科学位点，培养复合型人才。适度扩大研究生规模，提高气象系统人才水平，更好地支撑气象现代化。

（二）建设国际化、高水平的师资队伍

美国气象高等教育拥有一批气象学界著名的专家、教授、学科带头人，发挥“人才高地，技术硅谷”的集聚效应，建设有若干个在气象研究前沿领域开拓创新的结构合理的学术团队。师资队伍国际化既是世界一流气象大学和气象学科的共同特征，也是我国建设世界一流气象大学和气象学科的根本保证。要大力推进师资国际化，有重点地选派教师去国外一流大学访问、学习和参加学术交流；在全球范围引进高层次人才，扩大名师效应。

（三）培养具有国际视野的人才

作为气象高等教育发达国家，美国实行学术研究基础与实践技能培养并重，注重培养数理基础，核心课程设置少而精。人才培养能够动态适应社会需求，构建了优良的教育生态系统。要强化气象人才培养标准的国际化，应推进气象课程和教材的国际化。气象高等教育要有体现时代特征与发展趋势的课程体系、教学内容及相应的教材，参照气象教育先进国家的课程设置，加强数理课程的学习，围绕培养目标，设置少而精的气象核心课程。

第二节 俄罗斯高校气象人才培养

一、俄罗斯气象事业的发展

俄罗斯的气象观测始于地理考察活动。早在16世纪的俄罗斯年鉴中，就有许多关于15世纪极端天气现象的记载。当时，俄罗斯人考察并详细描述记载了西伯利亚至远东堪察加半岛及白令海等地的自然条件，使世人不仅了解了上述地区的地理地貌特征，还获得了这些自然条件艰苦地区的有关气象、水文、西伯利亚河流冰情、极地地区海洋状况等许多资料，以及有关俄罗斯各地区的特殊气候及对居民生活的影响的大量信息。

俄罗斯的高等教育始于17世纪。在18世纪初的彼得大帝时期，教育事业得到进一步发展，当时在全国建立起初等教育网，开设了军事和技术专科学校。但此时，俄罗斯的气象学发展还处于初期阶段，气象教育还未提到议事日程。气象学科的教育只是散落于地理、天文及物理学科中，没有形成明确的教育目标和完整的教育体系，但由于气象观测网建立及预报业务发展的现实需要，也使气象人才教育培养的萌芽初显端倪。随着苏维埃政权的巩固，国家政治、经济及生活走上了正常发展的轨道，水文气象事业也得到了快速的发展，到1941年6月，苏联水文气象总局已拥有3947个气象站、190个探空站、240个航空气象站、4463个水文站和观测哨[①]。在苏联解体后，成立了独立国家联合体，俄罗斯虽然受到社会变革和经济的影响，其大气科学教育在一些领域，如数值预报和模拟、气象仪器的研究和开发方面发展缓慢，但仍然在农业气象、空间天气学、人工影响天气、极地气象学和气候变化等多领域保持世界领先和先进水平。这与俄罗斯重视气象教育，尤其是将大气科学一直与水文、地理等学科联系在一起并共同发展的教育传统紧密相关。在管理上，俄罗斯气象事业的领导体制以条为主，分国家、区（州）、台站三级。全国境内46个州设立了23个跨州气象局。这些相当于区域气象局的跨州局，其职能和功能介于我国省局和区域中心之间。例如，俄罗斯的哈巴罗夫斯克远东水文气象局，跨区管理了阿穆尔州、犹太自治州和哈巴罗夫斯克边疆区三个地区，拥有280个水文气象站哨。该局本部有400人，其信息处理中心是全俄三大气象信息处理中心之一，同时也是WMO区域通信中心，拥有180人。卫星遥感中心编制50人，也是全俄三个卫星接收处理中心之一[②]。到2008年，俄

① 袁凤杰. 俄罗斯的水文气象发展及气象教育. 气象软科学，2006, (1): 87-96。

② 参考自中国气象局培训中心2008年关于部分国家气象区域中心建设情况的调研报告。

罗斯国家气象中心的发展情况参见表 4-6。

表 4-6 部分国家气象机构分布情况①

国家	员工数	其他领域	分布情况	所属部门	气象有人站数量	国土面积/万平方千米	人口/万人
加拿大	1900	航空气象	5 个区域中心	环境部	天气站 800 多个；气候站 2000 多个；水文站 3000 多个	998.5	3242
日本	5841	地震、火山、地球、环境、海洋	6 个管区级气象台	国土交通省	47 个	37.78	12773
俄罗斯	40000	水文	23 个区（州）二级局	—	水文气象站 2000 个	1707.5	14220
德国	2800	—	6 个区域中心	交通住房和城市发展部	101 个	35.7	8231

在 300 多年的俄罗斯水文气象发展历史中，始终贯穿着气象知识的宣传普及和专业教育，从观测活动的开始就注重出版各类期刊和专著，开办专业技术学校，将人才的教育培养放在科学进步与发展的首位。

二、俄罗斯高校气象人才培养

（一）俄罗斯国家水文气象大学

1930 年 6 月 23 日，根据苏联中央执行委员会的决定，在莫斯科国立大学物理系地球物理专业及地理系水文专业的基础上成立了莫斯科水文气象学院（1992 年 2 月 18 日更名为俄罗斯国家水文气象学院，现为俄罗斯国家水文气象大学）。

位于圣彼得堡的俄罗斯国家水文气象大学是世界上第一所水文气象专业高等教育学院。学院主要培养气象、水文、海洋学科的专业人员。为了配合教学计划，还建立了海洋物理、水力和化学实验室。学校下设有气象学系、水文学系、海洋学系、生态学系、水文气象综合经济管理活动系、信息系统和地质工艺学院、极地学院等多个系科。其中，气象系下设 4 个教研室②：大气环流物理教研室、大气环境物理教研室、空气动力空间遥感教研室、天气气候预测教研室。大气环流

① 参考自中国气象局培训中心 2008 年关于部分国家气象区域中心建设情况的调研报告。

② 参考自 2011 年 1 月新疆代表团赴俄罗斯培训考察总结。

物理教研室主要以大气为研究对象，开展天气、气候、大气环流等领域的教学和研究。大气环境物理教研室主要以大气环境为教学研究对象，借助无线电雷达、系留探空等气象仪器设备进行研究，同时教研室培养气象设备操作和使用方面的人才。空气动力空间遥感教研室借助于地基和空基遥感设备研究地球空间大气环境。天气气候预测教研室主要以中长期、短期天气预报为主要教学研究内容。实习气象台每天有学生在老师的指导下制作天气预报。随着网络的发展，俄罗斯国家水文气象大学学生在做预报实习时，既参考莫斯科预报结果，还要看欧洲数值预报中心的结果。俄罗斯螺旋预报方法早于其他西方国家很多年，后来发展成有限元方法，预测中心在莫斯科，主要用作区域预报。莫斯科主要用欧洲中期天气预报中心资料，水文气象大学用自己开发的区域数值模式进行预报和模拟。学校用俄语及英语开展教学，并有不同水平的俄语预科教育，教学由具有国际认证的教师担任。

俄罗斯国家水文气象大学在教学过程中大量采用计算机教学方式。学校备有现代化专门的气象和水文实验设备、气象雷达、卫星接收站、探空仪器，其毕业生有许多现已成为院士、科研院所的领导和高级专家，部分毕业生还在俄国防部门从事水文气象研究及服务工作。该大学是水文气象专业教育及教学方法研究联合基地，同时还承担建立水文气象学、气象学、水文学和海洋学方面的国家标准及教学计划的制定工作。

俄罗斯国家水文气象大学除进行正常的高等教育外，还有专业及方向广泛的高等教育之后的职业教育。学校具有授予学士学位资格的专业有：水文气象学、大气物理、生态及自然资源利用、自然资源经济学。本科非学位教育的专业有：气象学、水文学、海洋学、地理生态学、管理学、自然资源经济学。授予硕士学位的专业有水文气象方向的各学科。俄罗斯国家水文气象大学在成为区域培训中心后，除为本国培养水文气象专业人才外，在此期间有来自非洲、亚洲、拉丁美洲和欧洲国家的千余名学生在该校进行学习和深造，毕业后许多专家在该校的研究生院继续硕士及博士学位的攻读。

俄罗斯国家水文气象大学培养了很多杰出的气象专家，如学校气象教研室费多谢耶娃教授就是其中著名的一位，他做的《19 世纪末期后欧洲月平均空气温度及大气降水量变化》学术报告代表了俄罗斯在这一领域取得的成就。他利用1860～2006 年欧洲南部和北部 60 个气象站 146 年的温度和降水资料，分析了南北欧春、夏、秋、冬四季及年平均温度和大气降水量的长期变化及其与大气环流的对应关系。主要结论包括：146 年间经历了 4 个冷期和 4 个暖期，冷期对应着气旋活动频繁期，暖期对应着反气旋活动频繁期。近 50 年北欧春季降水量和降雪量有增加趋势，夏季和秋季无降水增加趋势。近 30 年温度上升比较明显。[1]

（二）其他学校

除俄罗斯国家水文气象大学外，专门培养气象人才的还有圣彼得堡国立大学大气污染和大气保护、气象信息测量系统、水文学、水文生态学、水文预报、水库水文学、水文气象学、海洋学、海洋信息系统、大陆架海洋学、海洋技术学等专业，为气象事业输送了大批优秀人才。苏联时期还有哈巴罗夫斯克水文气象学院及分别设在莫斯科、海参崴和罗斯托夫的 3 所中等专业技术学校。在一些大学里也设有与气象学相关的专业。如圣彼得堡国立林业大学，主要进行气候变化对树木生长的影响等课题的研究，分析气候变暖对不同地区不同树种及不同树龄的树木年轮宽度生长的影响，以揭示树木轮宽生长对气候的响应特点及差异性[1]。圣彼得堡国立农业大学，主要进行俄罗斯农田小气候控制的技术和方法、不同地貌区域微气候改变及其考虑方法、气候变化过程及其对农作物分布影响等课题研究。俄罗斯的这些院校每年为气象部门培养输送大量所需的专业人才，其中不乏一些国际上知名的气象学者，许多人成为天气、航空气象、水文预报、农业气象预报领域里学术流派的奠基人。如 И. А. 基贝尔[2]开创了大气水分循环以及数值天气预报方面的新方法。在俄罗斯气象学者的积极倡导和参与下，1873 年在维也纳国际气象大会上成立了国际气象委员会。1879 年，在里加国际气象委员会第一次大会上，俄罗斯科学院院士 T. И. Вилъд 当选为该委员会主席，并在此职位上连续工作了 17 年。在此后的一段时间里，在此领域的国际合作与出版及气象科学普及等工作都与 T. И. Вилъд 密切相关。T. И. Вилъд 十分重视气象教育工作，积极主张出版气象简报、气象学科总结性的科技丛刊及参考指南书等。正是有了这样一批学术造诣精深的气象专家队伍，俄罗斯的水文气象事业才得以顺利发展。俄罗斯在许多学科上处于世界领先地位，在国际大气科学界的影响不断扩大。

三、研究机构及气象人才培训

（一）俄罗斯水文气象局及区域培训中心

俄罗斯水文气象局成立于 1933 年的苏联时期。截至 1941 年，苏联水文气象总局已涵盖所有加盟共和国及自治地区气象局，同时还有 5 个国家级气象科学研

① 参考自 2011 年 1 月新疆代表团赴俄罗斯培训考察总结。

② 其所著《斜压流体力学在气象方程中的运用》荣获国家级奖项。

究所，2 所水文气象高等教育学校（莫斯科水文气象学院和哈巴罗夫斯克水文气象学院），3 所中等专业技术学校（分别设在莫斯科、海参崴和罗斯托夫）。有 200 多个气象业务机构开展天气和水文状况预报。与此同时，还开办了 4 个气象仪器生产工厂，自己研制并生产气象仪器，并且注重科技文献的出版工作，如 1935 年创办了至今仍在出版发行的《气象学与水文学》。这一时期苏联水文气象总局系统有近 3 万名水文气象工作者，其中具有水文气象专业高等教育学历的人员达 3500 人，约占从业人员总数的 12%。[①]

20 世纪 60 年代，随着苏联人造地球卫星的上天及航空事业的快速发展，水文气象总局利用卫星开展气象、水文、海洋及自然资源的观测和研究工作，并获得了巨大的进展。为综合研究上述领域，苏联还专门成立了“行星”科研生产联合体。在此后的二三十年里，苏联水文气象总局在天气预报业务工作中引入了计算机技术和数值预报方法，建立了资料收集、加工、传输的自动系统，从而改进了技术，提高了工作效率，气象科研所也增加到了 20 多个，气象科研力量得到了空前的加强。这期间，水文气象总局还增添了世界上最先进的气象科研考察船和飞机实验室，为开展水文气象科学研究及实验工作打下了坚实的基础。

可以说，二战后是俄罗斯水文气象科学发展最繁荣的时期，也是其在世界气象学领域影响力最强的时期。这一时期，无论是技术力量还是技术装备，俄罗斯在世界水文气象科学领域中都占据着重要地位。

WMO 莫斯科区域水文气象培训中心成立于 1995 年，由业务骨干及专家进修学院、莫斯科水文气象学院和俄罗斯国家水文气象大学 3 所学院组成。前两个学院隶属于俄罗斯水文气象局，设在莫斯科，后者隶属于俄罗斯国家教育科学部，位于圣彼得堡。WMO 莫斯科区域水文气象培训中心的主要任务是满足俄罗斯成员国水文气象专家教育培训的需求。为协调各成员的教学活动，水文气象局和教育部规定，由 3 个培训教学机构的领导组成协调委员会。

WMO 莫斯科区域气象培训中心成立后，在俄罗斯形成了中等、高等及继续提高三级阶梯式水文气象学人才培养教育体系。此外，在喀山大学、萨拉托夫大学、托木斯克大学和伊尔库斯克大学等一些高校中也设有气象或相关专业。这样的教育培训结构和体系，全面保证了俄罗斯及周边国家水文气象局科研业务部门培养水文气象专业人才及提高专家业务能力的需要。

近年来，大气科学领域的快速发展，新学科及新技术方法的出现，迫切需要气象科研业务人员更新知识，研究发现并掌握新的理论和技术，因此，俄罗斯水

---

① 袁凤杰. 俄罗斯的水文气象发展及气象教育. 气象软科学, 2006，(1): 87-96。

文气象局将培养各学科高素质高水平的专家作为优先发展方向之一。俄罗斯水文气象局在气象事业发展中，十分重视气象人才的培训和教育工作，从政策上鼓励在职人员尤其是青年科技人员定期参加各种专业培训，掌握新知识，不断提高科研和业务水平，以适应气象科技发展的需要；积极采取各种措施和方法改进教学思路及方式，提高教学质量；定期举办全国性的教师大会，总结并完善气象教育和培训过程中的问题，确定科技人才队伍培养方面具有创新性的方向。同时，各学院根据需要，经常请学科带头人及著名专家对教员进行新知识、新技术及教学方法等全方位的帮助和指导。

（二）业务骨干及专家进修学院

业务骨干及专家进修学院成立于 1989 年，属国家职业继续教育机构，宗旨是进一步提高专业人员在气象学、水文学及环境监测等领域的技术和学术水平。学院每年定期出版发布有关培训课程、培训对象、教学地点及时间等内容的教学培训大纲，在学年开始前 2～3 个月提前发送到俄罗斯水文气象局各部门和独联体国家，并报送 WMO 人才教育培养司，以便及时通知到各成员国。

业务骨干及专家进修学院开设有 4 个学科教研室：气象学与水文学，生态学，信息技术，人力资源管理和保护。开设的课程涉及水文气象学中广泛的专业知识，接受培训的人员主要是来自俄境内各水文气象局及独联体各国气象局的水文气象学专家，其学员数量每年不等（平均每年约 700 人），主要取决于各单位的经费状况。培训课程每年达 18～24 门，教学地点主要在专业进修学院，专业较窄的课程设在科研单位[①]。21 世纪初以来，来自独联体及波罗的海国家的学员数量越来越多，其中哈萨克斯坦、白俄罗斯、亚美尼亚和乌兹别克斯坦的学员最多。

从 2001 年起，在远离莫斯科的远东滨海等地气象局开始实行新的教学组织形式，即巡回教学方式。独联体及波罗的海国家的气象局每年根据专业进修学院的教学计划向该院提出巡回教学培训申请，请学院的老师上门授课。如 2001 年在塔吉克斯坦和哈萨克斯坦、2003 年在白俄罗斯分别举办了一系列的培训班和进修班。这种教学形式不仅能增加一定的经济收入，而且还可吸收更多的学员参加培训，并增进了与学员之间的联系，了解科研业务人员的实际需求，为教学计划的制定提供依据。

培训外国专家需要准备专门的教学计划，并且在许多方面要有别于培训独联体及波罗的海国家的专家。在多年的教学实践中，业务骨干及专家进修学院积累

---

①袁凤杰.俄罗斯的水文气象发展及气象教育.气象软科学，2006，(1): 87-96。.

了大量的培训外国专家的教学经验。曾先后有许多来自非洲、东亚、南亚、东欧、拉丁美洲的学员在该院进修培训。

近年来俄罗斯水文气象局与蒙古国及中国的留学中介机构在气象学、水文学及环境监测专业的人才培养一直保持着合作。2000～2003 年业务骨干及专家进修学院为蒙古国培训专家 72 名，为中国培训专家 14 名[①]。

2004 年该院共有 761 名水文气象专家在 26 个专业上接受了培训，其中 83 人来自俄罗斯以外的 7 个国家。同时，学院计划继续开展远程教学的组织、科学教学方法的研究及应用。为此需要研究制定利用新技术的教学方案和计划，需要获得电子教学设备并取得专门教学资格[①]。

（三）圣彼得堡水文气象中心

圣彼得堡水文气象中心隶属于俄罗斯国家水文气象中心，是圣彼得堡市水文气象业务的职能部门。主要负责圣彼得堡市和列宁格勒州的气象、水文、海洋、大气化学和污染等方面的业务服务和科研工作。下设干部处、组织处、水文气象预报中心、海洋气象试验室等部门。目前共有员工 500 多人。管辖 25 个气象站，其中列宁格勒州有 5 个地面气象站，1 个探空站，1 个海洋气候水文观测站（已有 285 年历史）和 10 个半自动化的环境监测点。圣彼得堡水文气象中心下属的水文气象预报中心主要承担日常天气和水文预报业务。除了分析地面气象观测资料，卫星和雷达资料也很丰富。圣彼得堡水文气象中心主要业务包括：中长期水文气象资料收集分析、水文气象预报、河湖水文气象预报、海洋气象预报、农业气象预报、大气层污染气象条件预报等。预报方法以欧洲中期数值预报产品为基础，结合本地特点，制作圣彼得堡市及列宁格勒州的中短期天气预报，重点关注重大灾害性天气的监视和预报，服务对象包括政府、铁路、海运、建筑、能源综合体、公众等用户。

日常天气预报。包括短期（1～3 天）、中期（4～9 天）、长期（10 天～1 个月或 1 个季度）的预报。俄罗斯预报员的天气图分析业务能力很扎实，预报员在数据处理系统分析主要天气系统的基础上，要对锋面、高压脊、低压槽等天气系统进行仔细的人工订正。预报员们参考的数值预报产品也很丰富，除了俄罗斯自己的数值预报产品，还包括欧洲中心、英国、德国等的数值预报产品。另外，雷达、卫星产品也很丰富。目前俄罗斯西部地区已实现雷达拼图，能够进行强天气的短时临近监测预警。圣彼得堡市周边有 3 部雷达进行组网监测，强天气期间每天发

①袁凤杰. 俄罗斯的水文气象发展及气象教育. 气象软科学, 2006，(1): 87-96。

布简报，对已出现的强天气落区、强度、灾情以及未来预报进行发布。

在月、季预报方面，俄罗斯预报员坚持开发自己的基于统计方法的长期预报方法。目前使用的长期预报业务系统基于相似分型方法，已积累了 10 年，系统功能和应用效果都得到不断完善和改进，对温度趋势的预报准确率能够达到 85%[①]。

水文气象预报。结合气象预报和其他信息，滚动制作短期（5 天以内）和长期水文气象预报。制作的产品包括各水文站的流速和流量、结冰和融冰期、水库蓄水量等预报，其中融雪（冰）期是重要预报内容。目前，中期水文预报准确率能够达到 85%，短期可达 95%[①]。中心定期发布水文气象简报，内容包括圣彼得堡各站的降雨量、主要河流的流速、流量、水库蓄水量等以及与上年的对比分析。用户主要包括相关政府部门、相关国家及其他用户。

海洋气象预报。中心制作和发布附近洋面的风力、浪高、浪速、海平面高度和结冰等实时和预报信息，为远洋船队提供航线预报服务。

人工影响天气工作。从苏联时期开始，俄罗斯的人工影响天气技术在世界上便很有影响力。其科研开发能力强，作业规模大，在设备研制及效果检验等方面都积累了丰富经验。圣彼得堡的人工影响天气工作主要集中在以下几个方面：一是针对农业和农作物保护的防雹业务。主要采用火箭防雹。目前已建成防雹业务系统，防雹总有效率达 85%。近期研制开发了新的防雹火箭和火箭发射系统，新型火箭是将发动机燃料和催化剂混合在一起，通过发动机，边燃烧边排出催化剂，作业效果明显改善。二是人工降雨和人工消雨业务。在干旱时段，中心根据地方政府的要求进行人工增雨作业，以缓解旱情；人工消雨方面，主要针对重大节日、重大活动保障开展工作。技术手段以飞机消雨和地面消雨为主，效果比较明显。三是雪崩防御业务。在雪崩多发地区设有作业基地，主要使用克西-19 型高炮进行作业，但由于该设备比较笨重，目前正在研制开发新的便携式抗雪崩装置。这些技术目前都达到国际先进水平。圣彼得堡水文气象中心对俄罗斯气象事业发展及气象人才培养作出了巨大贡献。

四、其他形式气象人才培养

除学校教育和研究机构外，气象教育的另一种形式表现为出版气象学术期刊和书籍。各地气象组织和协会在观测网建设、开展气象业务服务的同时，还创办了每月天气回顾等气象学术期刊，并出版了气象方面的参考指南等专著。这些期

① 新疆代表团赴俄罗斯培训考察总结，2011 年 1 月。

刊和书籍在当时俄罗斯气象事业初创的艰难时期，在消除迷信与愚昧，传播科学思想，宣传普及气象知识等方面发挥了重要作用；对俄罗斯气象学研究队伍的形成、壮大及理论知识水平的提高，对气象事业未来的发展都具有重要的意义。

科技文献是科技知识及科研成果的重要载体。苏联时期在重视学校教育的同时，大力发展气象科技文献出版工作，这一时期是整个俄罗斯水文气象发展历史中创办期刊和出版专著最多的时期。许多论著不仅是本国气象教学的重要参考书，而且还被译成多种外文，成为一些国家进行气象教育的经典教科书。当时，除《气象学与水文学》《大气海洋光学》等刊物外，20 多个气象科研所各办有自己的定期出版的专业刊物[①]。这些专业期刊及时刊载并传播了各学科领域最新的理论观点、技术方法和学术动态，使众多气象科研业务人员在离开学校后，通过期刊了解并获得最新的学术理论和方法，从而使自身的专业知识得到更新，专业水平不断提高。苏联时期出版的气象科技期刊不仅在国内发挥了培养人才的作用，也惠及了世界各国的气象教育，尤其是发展中国家。这些期刊出版发行到世界各地，被许多国家的图书馆收藏（中国气象局图书馆就收藏了大量苏联时期各科研业务部门出版的俄文气象科技期刊），其中所传播的先进的气象各学科的理论及技术方法，成为这些国家开展气象科研和业务工作的圭臬。

五、俄罗斯水文气象教育存在的问题及对策

目前俄罗斯水文气象局在气象专业人才培养方面的主要问题有：局校合作不够广泛，其潜力没有充分发挥出来；各教育机构现有的教材和技术手段等教学资源数据库建设还不完善，无法满足现实的需要；各水文气象局和科研所在科研和实验活动中对现有教学资源数据库的利用不够；教学单位缺少新的有关教学方法方面的文献资源。

有专家建议，俄罗斯水文气象局向气象教学机构提供水文气象观测资料，并为教学单位装备现代化的水文气象仪器；成立包括水文气象局专家、高校专家在内的气象新教学技术方法的研发工作组，以降低教学资源成本，加快新教学方法的开发和实践应用速度；采用现代信息技术进行气象教育，开展有关信息化教学方法和技术方面的经验交流；加强水文气象部门与高校之间的合作；每两年召开一次气象教育问题研讨会；等等。

近年来，大气科学领域的快速发展，新学科及新技术方法的出现，迫切需要

①袁凤杰. 俄罗斯的水文气象发展及气象教育. 气象软科学, 2006, (1): 87-96。

气象科研业务人员不断更新知识，研究发现并掌握新的理论和技术，因此，俄罗斯在气象事业发展中，十分重视气象人才的培训和教育工作，从政策上鼓励在职人员尤其是青年科技人员定期参加各种专业培训，掌握新知识，不断提高科研和业务水平，以适应气象科技发展的需要。不断改进教学思路及方式，提高教学质量。同时，对从事教学人员的自身教学水平的提高也被列入培训计划中。教学人员也需要对新知识、新技术进行不断学习。

六、俄罗斯高校气象人才培养对我国的启示

（一）提高气象预报准确率

俄罗斯政府对预报技术开发非常重视，特别是讲求实用，其开发的有些方法和工具并不复杂，但能解决问题，科研开发与业务服务结合得比较好。我国不少省级气象部门近年来在精细化预报方法的开发上做了不少工作，今后也应继续加强这方面的工作，特别是要根据服务的需求以求实的精神，做好相关规划，选好项目，分步实施，重点突破，力求在提高气象预报准确率方面取得扎扎实实的新进展。

（二）加强资源共享

这可从气象部门内外两个方面进行努力：在部门内，尽快完善气象信息共享平台的建设，并从业务管理、规章制度等方面进行配套建设，确保各类气象信息依托平台进行快速有效的交换，实现最大程度的资源共享；在部门外，继续实施拓展领域战略，在气象站网、信息交换、学术交流、科研开发等方面加强与相关部门、高校和科研院所的实质性合作，实现互利共赢和资源共享。

（三）气象人才培养形式多样化

俄罗斯高等气象教育除了有正规气象大学以外，还有各种气象研究机构、气象杂志和学术期刊，它们每年都为世界其他国家培养和输送一大批气象专家。我国可以对气象研究机构多投入经费，建立起具有高素质气象人才的专门研究机构，并出版和发行具有我国特色的气象研究杂志，同时要加大选派优秀业务技术和管理骨干参加多种技术培训的力度。另外，也可根据各地气象业务服务能力建设的急需程度，有选择性地聘请高水平的气象专家到气象高校短期工作或讲学，以促进我国高等气象教育与气象科技水平的进一步提高。

（四）开展与业务联系更加紧密的在职培训

气象部门职工的在职培训是关系到发展的重要问题，而培训的质量保证和形式多样化也至关重要。俄罗斯就专门成立气象局直属培训机构，如莫斯科水文气象学院。在气象业务机构设立培训机构，与业务的联系更加紧密，培训环境与业务也更加“无间”，培训的“功利”性也更加凸现；而脱离业务机构的独立培训机构，能够更好地与科研和业务机构建立联系，更容易吸收新的知识和技能。我国应积极培育和发展这种“跳出圈子”的培训，相信这种培训的优势会越来越明显。

第三节　日本高校气象人才培养

日本是一个国土面积 37 万多平方千米的岛国，由于所跨越的经纬度范围较大，海洋地理位置与环太平洋地质构造较为复杂，所面临的恶劣气候、地震等自然灾害之频、之大，都举世罕见。但由于日本政府、社会的多方面努力，其防灾减灾能力亦世界闻名。其中，气象研究指导与预报发挥着重要作用。日本建立了多个气象和气候科学研究中心，例如东京大学的大气海洋研究所，主要从事气候科学方向的研究，2011～2013 年总共发表学术论文 239 篇。名古屋大学建有太阳地球环境研究所（地球空间研究中心）和地球水循环研究中心。九州大学建有应用力学研究所——地球环境动力学部和东亚海气研究中心，两个中心近三年共发表 SCI 论文 40 多篇。下面以设有气象相关专业的北海道大学等高校为例，探讨日本高校气象人才培养的特色。

一、课程设置

课程的设置决定着一个高校人才培养的方向。在日本，高校的课程设置要遵守文部省基本的规定，接受文部省的规范。随着大学设置标准的改革，课程设置标准也必然随之变动。1991 年《大学设置标准》规定本科毕业生要修完 124 个学分，对设置课程、安排学期各个大学可以有自己的自主权，可以按照自己的情况编制课程表。日本各高校对于自己的发展，尤其是在学技学科或综合学科、社会实践研究性领域内，大学的自主程度更高。从北海道大学基本理念与教育教养目标来看，传统的通识教育学科比如国际性的培养、人文精神的培养、全人教育、实学（重视实际能力）等的学习，以提高沟通能力、对社会多样性理解的能力、创造性思维与批判性能力、对社会的责任感和伦理的自觉性的认识等，都是很新的理念。[68]

然而，法人化改革后的企业经营理念，也使得一些高校大刀阔斧地进行课程设置调整。例如东京大学直接取消了原来文部省规定的教养学部，取消通识教育学科，其做法受到各方面的质疑。这种由文部省以纲领性文件指导，一般学科由高校自主地以发展的视角来调整课程设置，以适应社会发展的需要并增强竞争性的做法，值得我们思考。

二、师资管理

师资在一个高校发展的历程里起着举足轻重的作用。从某种意义上讲，高校教育发展的成败在于高校人才培养的成败。气象类专业的发展也必然离不开良好师资队伍。日本高校教师有着很高的社会地位，多项法规予以了确认保障，规定教师享有国家公务员待遇，没有特殊意外不能随便辞退，实行终身雇佣制；教师拥有良好的福利待遇。高校的这些规定与良好的福利待遇有助于稳定师资队伍，保证了各高校不同专业传统风格的传承。例如，名古屋大学已故著名气象学教授武田乔男先生，一生投入气象科学研究之中，积极关注气象科普教育。他在2004年去世之前，两年时间里一直在病榻上断断续续创作《雨的科学》一书。他去世后，这本书由北海道大学藤吉康志教授继续用一年的时间整理出版。在崇高的地位面前，他用责任树立了为师的风范，用团结构筑了团队的风采。

日本大学里的师资队伍中，教学科研方面教师分为教授、副教授、讲师、助教四个职称序列。在日本1991年修订的《大学设置标准》中明确规定了较为严格的四个职称基本标准，日本大学教师的晋升制度主要考察教师三个方面的内容：其一是教师的资历条件，包括学历和学位，这是职务晋升的基本条件；其二是任现职最低年限，一般规定助教1年，讲师3年，副教授6年；其三是教师的教学和科研成果。对实行任期制的大学，任期届满后的续聘次数大都被限制在1次，到时如不能晋升高一级职务，必须向校外流动，但日本仍有许多大学没有实行任期制，教师的职务晋升并不会对其去留产生实质性影响，对这些大学教师而言，自然拥有“或升或留”的宽泛选择[69]。

在日本高校里，教师的定岗定编执行得比较严格。在国立高校中，文部省规定，如果没有增加学科，招聘新教师是不允许的。在日本高校，教研室是基本的单位。每个研究室一般都有教授1名，副教授1到2名，助教2到3名。如前所述，高校教师的严格组织晋升规定使得教研室这一基本教研单位在管理结构上比较稳定。但是我们也应该看到，鉴于这种师资结构，对年轻的学者来说，要想短时间内作出一番成绩而晋升变得相当困难，因为固定的编制分配规定了，没有职位空缺就没有晋升的途径。

日本高校主要教员的聘用规定，不管你是原学校的教师还是校外的应聘者，都是通过公开竞聘，对于副教授以上级别尤其如此。根据《大学设置标准》，日本高校主要教员应聘者的条件包括教学成绩、教学资历、学历文凭、论文著作、科研能力等[70]。对于教授与副教授的聘任不仅有严格的规定，而且也有很高的要求。招聘高校会成立专门的评选委员会，由评选委员会负责审查并向该校教授会汇报情况，由全体教授会成员讨论表决，如果应聘者获得 2/3 以上票数就能当选。之后由评选委员会上报校长结果，由校长呈报文部省审议委员会认可批准，最后由文部大臣任命。过程严格正式，法律效力强。

相比较而言，讲师与助教的要求与任命程序简单。教授认可的助教，可以进行讲师提名，并经过校长的认可就行。对于助教而言，基本都是在研究生院符合条件的毕业生中选拔，专业教授认为学术培养潜力良好者，报教授会留用，如果在四年之内，没有得到提升，那就需要自己寻找机会另谋出路。由此可见，留校助教需要加倍学习科研，否则就有被淘汰的危险。兼任教师在日本相当普遍，这是充分利用优质教师资源，实现学科发展的重要途径。故此，高校中兼任教师一般只发生在副教授以上职称教师身上，同时高校为了自己相关方向的发展，也可以从企业、科研部门的高级工程师、研究员中聘任兼职教师。

由于日本政府自 2004 年开始国立大学法人化改革，高校师资结构与规模也必然会受到影响。虽然法人化改革的目标是打破原来僵化的师资结构，给高校以相当的发展自主权，以适应社会市场要求，增强竞争与发展力，进一步提高高校科研教学效率，但是，不可避免地，这种对原有体制的改革，必然对师资产生消极的影响。比如，由于政府投入的资金逐渐减少，国立大学必然要压缩经费开支，提高工作效率，这种举措必然会影响高校教师的工作热情，影响教师对学生的责任心，教学质量让人担忧。

目前，高校校长是否具有丰富的专业经营管理能力，如何控制校长滥用权力隐患的出现，如何协调和处理传统的“教授治校”大学治理规则间的矛盾与冲突，这都是未来在校内管理体系改革中必须解决的迫切问题。[71]如果高校的校长由于视野理念的变化，在加强权力意志执行的过程中，由于传统管理惯性的作用，将会出现与各学部冲突，也就是说，在师资方面，如果处理不到位，师资的稳定与专业学科的发展必然会受到冲击。日本高校气象类专业的师资，也必须在这个环境中生存，至于如何发展，要取决于相关专业学部师资与高校管理层的博弈。

三、校企合作

在法人化改革之前，日本国立高校就有校企合作的传统。大学和企业的合作日益活跃，或联合研究，或大学接受企业委托进行研究，或高校教师到企业进行技术指导或高校接纳企业研究人员在学校进行科研活动，或由企业出资在学校里设立课程和研究机构或高校接受企业的捐款，或在高校设立联合研究中心等[72]。但是，改革之后，每所高校要生存发展，必须与企业合作，取得资金支持，同时用知识产权转化为科研成果为企业提供进一步发展，形成共赢的良性互动，这也是法人化改革的重要目标。法人化之后，每所高校都进行了产学官连携合作规划。

北海道大学的校企合作，规划长远，积极拓展。合作不是单纯的技术（研究）交流的合作，而是人才交流、人才培养等更广泛的合作、联合。北海道大学极力拓展与企业、大学、政府方合作，合作单位有：北洋银行株式会社，日立制作所株式会社，三菱重工业株式会社，富士电机株式会社，日本政策投资银行，UFJ资本株式会社，北海道电力株式会社，（独）物质、材料研究机构，（独）产业技术综合研究所，国际协力机构等。北海道大学努力扩大宣传与影响，积极与电视、报刊等媒体缔结合作协助协议。“我校同朝日新闻株式会社、北海道电视放送株式会社、北海道新闻株式会社缔结《大学和各缔结单位关于共同推进教育、研究计划的一致意见》，具体内容有‘大力支持大学正在推进的国际战略本部、千岛列岛的火山活动的共同调查’的‘白杨计划’，及北海道新闻株式会社相互提携合作的‘共同研究与分析道州制、市町村合并等有关地区建设的项目’的‘北方计划’”。①

2004年法人化改革之后，名古屋大学也进行了产学官连携研究推进计划，平成19年即2007年通过了产学官连携推进计划书。计划书强调各研究院、所、科要着手加强与外部的合作研究，实现政府、自治体、民间企业的相互合作，要注重知识产权的保护、企业的资助。②

据日本《山阴中央新报》报道，2004年5月11日，国立大学开始推行法人化改革。岛根大学在东京都江户区开设了东京事务所，其主要目的是让该大学法人能够在首都圈占有一席之地，以便在与企业进行合作、保证生源、促进学生就业等方面获得更多的信息和便利。该校校长本田雄一认为，法人化改革以后，与民营企业联合开展研究和保证生源，将是自己学校的两大课题。所以，今后在全

---

① 北海道大学官网. https://www.hokudai.ac.jp/。

② 名古屋大学官网. http://www.nagoya-u.ac.jp/。

面开展学校工作的基础之上，将给以上两方面投入更多的力量。[73]

虽然法人化改革可以促进国立大学进行校企合作，实现创收，但是政府目前的政策规定，如果当年进行了一定量的创收，那么到第二年，学校从文部省获得的拨款经费就会有所减少。所以，这样的政策和做法只能让学校失去自主创收的积极性和主动性[73]。所以说校企合作改革大的方向没问题，但是，制度设计上为高校开展校企合作设置了障碍。在校企合作的发展道路上，高校气象专业如何在法人化改革后实现广阔的专业与企业合作之路，也在探索之中。当然，在日本专门的民间气象公司企业有很多，这为气象专业和企业的合作创造了良好的平台，尤其两家创办较好的日本气象株式会社、日本天气新闻公司（WNI），都是合作的重点对象。同时，各个高校的气象专业也在积极发展交叉学科，为高校与企业合作开拓了广阔的前景。

四、项目交流

随着社会的发展，人们对世界的理解越来越深刻，全球化已成为人们的共识。“拓宽视野，不拘一格，积极开展国内国际项目合作”也已成为日本高校发展的目标。由于气象、气候的国际性，日本高校气象方面的研究更加注重国际化。

日本北海道大学放眼世界，积极支持国际项目合作。该校制定的“大学教育的国际化推进计划”被文部省采纳。“该计划与国外的诸大学联合实施国际共同研究”。“凭借着自己的特长和优越性，在推进广泛的国际化过程的基础上，为了开发和试行作为基础的具有先驱性的典范，我们正着重推进‘可持续的发展’”。北海道大学低温科学研究所藤吉康志等积极开展的中日国际合作项目淮河流域能量与水分循环试验和研究（HUBEX）是全球能量水分循环试验（GEWEX）在亚洲季风区（GAME）开展的子试验项目。该项目于1998年和1999年在以淮河流域为中心的中国东部广大地区成功地开展了气象和水文联合外场观测试验，这是中国国内首次在东亚半湿润季风区开展的相关试验。该项目利用获取的试验数据，开展了大量的研究工作，在国内外产生了很大的影响。

日本名古屋大学与中国气象局国家气候中心合作开展了“淮河地区低层大气和降水研究”即LAPS研究课题项目，同时积极扩展校际合作。该项目中不仅有中国气象研究机构、高校，也包括了日本国内的气象相关高校，如北海道大学、冈山大学等高校机构。该项目顺利地进行了第一次加强观测和加密观测，除开展大气边界层通量、风廓线、多普勒声雷达、微波辐射等观测项目外，还增加了地面长波辐射、土壤湿度、地温、土壤含水量、土壤蒸腾、CO_2、农作物生长、云状等项目观测。在关于淮河地区的研究项目中，名古屋大学、北海道大学等高校也展开了深入的合作，发挥各自研究的优势，共同推进科研项目的完成。

东京大学的气象研究，放眼全球，关注气象学术前沿。日本全球水和能量循环协调观测计划项目（CEOP）负责人、日本东京大学教授 T. Koike 主持了“亚洲水循环学术研讨会”，日本东京大学副教授 J. Matumoto 博士主持了“Post-GAME 科学试验规划会议”，介绍了本部门目前正在开展的相关国家级科研项目和国际合作项目。Post-GAME 计划是在全球能量水分循环试验（GEWEX）在亚洲开展的季风试验（GAME，1994～2004 年）的基础上，配合全球综合观测系统计划（GEOSS），酝酿启动的新一轮亚洲季风及水循环外场观测计划，观测区域将包括东亚、东南亚和南亚等地区。①

在日本高校内部的专门设备分为国家、校内、专业内部共享资源几种情况，另外，一所高校的研究所成员大都分散在各高校、研究机构内。比如北海道大学的低温科学研究所委员会组成中除北海道大学教师外，还包括东京大学、气象机构、京都大学、名古屋大学、爱知大学等。这样的布局不仅有利于日本国内合作项目的广泛开展与带动，也有利于增强国际情报信息的交流。

五、跨学科建设

日本高校交叉学科建设始终走在世界前列，而且发展迅速。日本高校充分发挥高校专业优势特点，在学校内部进行交叉学科渗透研究，扩展研究领域。

在 20 世纪 80 年代，日本高校在气象与农业方面的交叉学科建设就已经比较成熟。在不同的大学，农业气象专业隶属于不同的学科，研究室名称也多种多样。多数大学隶属于农业工程系，也有的隶属园艺系、生物科学系、农学系、土木建筑系、环境保护系。研究室的名字除了农业气象外，还有农业物理学、环境调节工程学、农业环境工程学等。虽然都是农业气象专业，但在教学与科研上各个大学各具特色。例如，东京大学、千叶大学和大阪府立大学，以环境调节工程而著称；北海道大学则以遥感技术应用和畜舍环境设计见长；京都大学则以作物气象方面的研究而引人注目。[12]

1998 年日本通过《二十一世纪的大学与今后的改革对策》（“大学审议会”）的决议后，文部省出台了一系列促进和加强大学研究功能的政策措施，如跨学科的“大讲座制”、流动性科研组织、共同利用型研究机构等重要措施。[74]这一政

① 中国气象局气候研究开放实验室网站.http://ncclcs.ncc-cma.net/cn/。

策推动了日本交叉学科建设的步伐，加强了各学科的进一步深化研究。以北海道大学低温科学研究所为例，到平成 22 年 4 月（即 2010 年 4 月），该所 28 人中，所涵盖的部门包括多所高校的农学院、理学院、教养部、宇宙航空研究开发机构、生态研究、人间文化研究机构等方面。①可见，低温科学研究所的研究范围已经以低温为基础，逐渐扩展到了低温情况下的文化、生态、宇航等多个研究领域。

当然，随着高校法人化改革的逐渐深入，高校也在创建新的专业学科，以适应社会发展的需要。法人化改革后，大学每年会从文部省给的编制和岗位中扣掉 5%的名额，大学则拿这些岗位名额去开设新的学科或专业[73]。例如，《读卖新闻》2010 年 3 月 13 日报道，千叶科学大学于 2004 年成立了危机管理学院，下设危机管理系统系和医疗危机管理系，2010 年春季还将增设航空和输送安全系，专门教授发生灾害时陆空交通工具的管理、救护车辆和器材研发；关西大学 2010 年 4 月于大阪府高市新校区成立社会安全学院，该学院设有研究人为事故的社会灾害管理系及防灾与减灾系，教授防灾危机管理、企业对社会的责任、法律等知识，培养各领域能应对各种危机的人才。[75]

危机管理学院、社会安全学院不是单纯开设了一门专业，而是融合多专业多学科而建设的新兴跨学科专业。这种跨学科院系的开设，既适应了社会的需要，也促进了高校的进一步发展。随着社会的不断进步，高校跨学科建设的趋势会更加明显。气象专业在预防灾害、促进社会发展方面有着不可替代的地位，进一步促进气象专业跨学科融合建设刻不容缓。

六、日本高校气象人才培养对我国的启示

日本高校的发展一直坚持自己的特色，拥有自己的发展模式，经过多年的发展，取得了不少成绩。本书从日本设有气象类专业的高校入手，探讨了其发展的历程，尤其是国立高校法人化改革前后，包括课程设置、师资管理设置、校企连携合作、研究课题项目互动、跨学科建设五大方面的变化发展，给我们不少借鉴与启示。

高校气象专业课程的设置，不是一成不变的，而是在现实需要与发展中积极探索，不断改进。在日本高校发展历程中，日本文部省起了相当大的引导作用，由干预课程的设置，到下放各高校课程设置自主权；由强行干预到政策指导，事后监督。对于气象厅下设的日本气象大学，也必须接受文部省的高校基本规范。

---

① 北海道大学低温科学研究所官网.http://www.lowtem.hokudai.ac.jp/。

但随着日本教育改革的推进，课程设置也在不断改进，因校因时而有所不同。到目前为止，这种课程设置的下放对人才培养的利弊还存在争议，真正的效果需要时间来检验。对于我们高校气象专业的课程发展，无论改革前后，只要有价值的合理之处，都可以借鉴。

高校气象师资管理也在变动之中。从法人化改革前的公务员待遇，接受文部省的管理，到改革后的竞争雇佣，接受高校指导，前后情形反差巨大。通过文章的分析，我们可以看出前后利弊都比较明显。对于稳定的终身制可以培养教师对高校的责任感，稳定师资队伍，保证高校的专业文化传承；但是，其弊端也很明显，这种制度容易造成学阀体系，突破式发展比较困难。对于改革后的师资，权力的下放，使得高校自主权增大，有利于提高高校资金利用效率，提升高校与社会的合作；但由于竞争及高校校长等权力的上升以及视野限制，势必会直接影响高校不同专业的发展情况，同时，随着文部省资金的逐年缩减，基础学科和教师待遇与工作强度必然增大，教师的学术自由也必然受到限制。怎么突破这个瓶颈是师资管理中的一个问题。所以在气象专业中，对于我们怎样处理好师资的各方面的平衡点，这些都是可以参考的。

校企合作是一个高校与社会联系紧密度的重要标志。随着国立高校法人化，高校商业意识与经营理念中的竞争因素越来越明显。产学联系紧密化，创造直接的社会价值，既是社会发展的需要，也是高校在新的环境下生存发展的需要。气象类专业属于理科专业，并非工科，所创造的直接经济价值有限，要想实现校企合作的突破，除了与气象公司直接的合作外，更应该积极突破思维，开创交叉学科，提高经济效益。日本高校和研究机构一直重视国内专业机构与高校间的项目合作，日本每个高校都针对自己的情况，制定了国内国际交流规划，充分发挥专业优势与特长，推进全球视野的项目合作与交流。全球气象、气候是一个系统，气象专业更应该置身于全球气候变化之中，积极推进与各国家地区的合作，通过共同的努力，推动本国各高校气象专业的进一步拓展。

对于交叉学科建设，培养新型人才必不可少。随着社会的发展和市场的需求，日本的交叉学科建设始终比较前卫。气象专业的跨学科发展也在各相关高校开展，并取得了一定的成绩。目前，日本高校的跨学科建设不仅仅是“点”上的个别学科交叉，不少是着眼于大的学科群、大讲座间的交叉发展，是一个“体”的交叉学科建设。这是值得我们进一步思考的。另外，日本的交叉学科建设到一定程度后，紧跟时代需求，又走向新的学院、学科的开展，逐渐促进新兴专业的成长，使研究价值与市场价值同时相辅相成地发展。我国气象类专业的交叉学科建设，也应该进一步思考这一发展路径。

第五章　当前我国高校气象本科人才培养状况及个案分析

高校应当以人才培养为中心，这是国家以法律形式明文规定的，同时也是高校存在和发展的根本价值所在。随着全球化、信息化以及知识经济的兴起，新时代的高校已经成为促进经济与社会发展的原动力，将在国家、区域经济及行业发展中发挥更加强大的创新辐射作用。

随着我国气象事业的不断发展，我国高校气象本科人才培养也日渐成熟。从民国时期少数综合大学零星的培养，到新中国成立后依托气象行业高校重点培养，再到 21 世纪以来部委综合高校和地方特色高校共同培养，经过几代人大半个世纪的努力，制约我国气象现代化建设的人才短缺瓶颈已被打破。

目前，高校气象人才培养的使命已从主要满足行业对人才的规模需求转向质量的保障，转向如何适应气象行业人才队伍的结构性调整。那么，我国担负气象本科人才培养使命的高校准备好了吗?其当前的人才培养状况又是如何?为了更好地深入了解和研究我国高校气象本科人才培养情况，本章将从我国开设气象本科专业的高校中选取三所采用个案研究方法进行剖析，这三所高校分别是北京大学、南京信息工程大学、中国海洋大学。之所以选取这三所高校，主要是基于：北京大学是一所著名的综合大学，已经成为国家培养高素质、创造性人才的摇篮，科学研究的前沿和知识创新的重要基地，国际交流的重要桥梁和窗口。并且北京大学物理学院大气科学系是中国最古老的大气科学系或气象系之一，其目前的大气科学专业综合实力在国内高校中首屈一指。南京信息工程大学的前身为南京气象学院，1960 年由中央气象局创建，是中国气象局原来所属高校之一，其所拥有的大气科学专业具有明显的大而全的特点，专业覆盖面之宽泛在国内高校中绝无仅有。中国海洋大学是一所以海洋和水产学科为特色的教育部直属重点综合性大学，而中国海洋大学海洋与大气学院海洋气象学系是全国唯一冠以“海洋气象学”的历史悠久的教学和科研院系，大气科学专业与海洋科学专业的密切结合是其最大的专业特色和亮点。

第一节　我国高校气象本科人才培养现状概览

随着经济、社会发展对气象科技需求的增加，以及大气科学及其相关研究领域的不断拓展，国内许多大学相继开展了大气科学的人才培养工作。这些大学承担了我国气象本科人才培养的主要任务，而我国气象人才队伍结构调整的重任也将有赖于其得以实现。

一、培养规模

表 5-1 是 2009～2013 年我国 13 所高校的大气科学本科毕业生的数据统计基本情况。表 5-2 则是 15 所高校 2009～2013 年大气科学研究生毕业生数据统计情况。表 5-3 是 16 所气象类高校 2012～2015 年授予硕士和博士学位的数量统计情况。通过表 5-1～表 5-3，我们反思时下状况，可以得出以下结论。

表 5-1　13 所高校 2009～2013 年大气科学本科毕业生统计[①]

高等学校	2009 年	2010 年	2011 年	2012 年	2013 年	合计
北京大学	26	15	18	32	24	115
南京大学	84	69	84	93	93	423
南京信息工程大学	902	935	1037	1120	1075	5069
兰州大学	162	161	172	172	193	860
中山大学	107	112	99	105	83	506
中国科学技术大学	12	12	19	10	15	68
云南大学	34	31	37	41	28	171
成都信息工程学院	156	166	179	248	317	1066
中国海洋大学	68	91	90	91	93	433
浙江大学	20	19	17	18	15	89
解放军理工大学	98	53	68	116	137	472
中国农业大学	20	25	21	28	26	120
复旦大学	51	52	70	56	0	229
合计	1740	1741	1911	2130	2099	9621

① 参考自中国气象局科技与气候变化司编制的《高校气象学科建设与人才培养发展现状分析报告》。

表 5-2 15 所高校 2009～2013 年大气科学研究生毕业生统计

高等学校	2009 年		2010 年		2011 年		2012 年		2013 年		合计	
	博士	硕士	博士	硕士	博士	硕士	博士	硕士	博士	硕士	博士	硕士
北京大学	5	13	6	16	8	16	9	15	18	12	46	72
南京大学	10	32	19	32	21	30	15	28	8	21	73	143
南京信息工程大学	36	180	31	202	32	277	32	342	73	335	204	1336
兰州大学	8	14	14	18	23	29	20	32	17	49	82	142
中山大学	1	17	2	17	2	17	5	21	4	22	14	94
中国科学技术大学	3	7	3	9	2	6	7	5	4	3	19	30
云南大学	0	23	1	26	1	19	3	15	2	20	7	103
成都信息工程学院	0	18	0	18	0	23	0	49	0	50	0	158
中国海洋大学	12	15	8	22	1	27	10	18	8	32	39	114
浙江大学	1	10	0	4	1	6	1	5	0	6	3	31
解放军理工大学	12	109	4	98	9	86	13	67	—	—	38	360
中国农业大学	0	9	2	16	3	16	4	16	7	16	16	73
南开大学	5	14	5	15	8	23	4	22	0	0	22	74
复旦大学	8	13	11	12	9	15	8	15	0	0	36	55
中国科学院大学	67	9	67	12	85	13	85	8	0	0	304	42
合计	168	483	173	517	205	603	216	658	141	566	903	2827

表 5-3 16 所气象类高校 2012～2015 年授予硕士和博士学位情况

序号	高等学校	学术学位博士					学术学位硕士				
		合计	2012 年	2013 年	2014 年	2015 年	合计	2012 年	2013 年	2014 年	2015 年
1	北京大学	39	9	11	12	7	70	17	27	16	10
2	清华大学	0	0	0	0	0	14	1	0	6	7
3	中国农业大学	0	0	0	0	0	44	14	11	12	7
4	南京大学	45	6	11	14	14	88	20	21	22	25
5	南京信息工程大学	183	42	58	26	57	1269	341	328	303	297
6	浙江大学	2	1	1	0	0	17	3	5	5	4
7	中国科学技术大学	0	0	0	0	0	22	5	5	7	5
8	安徽农业大学	0	0	0	0	0	34	12	7	6	9
9	中国海洋大学	15	2	2	7	4	99	20	33	21	25
10	中山大学	6	0	2	1	3	75	14	17	23	21
11	成都信息工程学院	0	0	0	0	0	242	49	50	71	72

续表

序号	高等学校	学术学位博士					学术学位硕士				
		合计	2012年	2013年	2014年	2015年	合计	2012年	2013年	2014年	2015年
12	云南大学	5	1	2	1	1	61	16	17	13	15
13	兰州大学	72	22	14	20	16	167	27	49	43	48
14	中国科学院大学	412	108	98	99	107	114	24	30	39	21
15	中国环境科学研究院	0	0	0	0	0	9	2	2	3	2
16	解放军理工大学	40	13	13	9	5	181	49	47	52	33

（1）高校是我国气象人才的主要输出基地，高校气象人才培养的重点（就规模而言）以本科为主。

（2）自 1995 年以来，我国高校气象人才培养规模在不同层次上均出现不断扩大情况。显然，高等教育大众化在气象人才培养活动中也得到了显现。

（3）相较于气象行业每年数千人的本科及以上高层次人才需求量，当前高校的人才培养规模是难以满足这一需求的。

因此，对于高校本科层次气象人才培养进行分析和研究，不论是从高等教育角度还是从气象行业的角度均有着极其重大的现实意义。

二、培养质量

高校尤其是开设气象本科专业的高校担负着培养高层次气象人才的重要使命。近年来，随着社会的转型、教育体制的改革、气象事业的发展和学校的重新定位与转型，高校的生存环境和发展空间发生了巨大的变化，由此对高校的人才培养质量产生深远的影响。那么气象本科人才目前的质量状况究竟如何？据笔者与中国气象局及各级地方气象部门负责人和科研业务骨干访谈了解，目前气象部门对于高校气象人才培养质量的基本判断是脱离业务实际，动手能力不强。以防雷人才为例，雷电灾害是最严重的气象灾害之一，每年造成的人员和财产损失也相当可观，仅雷击造成的电子设备的直接经济损失就占到雷电灾害总损失的 80%以上。为此，南京信息工程大学于 2000 年在电子信息工程专业下开设了防雷与电磁兼容方向，培养雷电防护本科专业人才。2005 年该校经教育部批准正式设立国内首个雷电防护科学与技术本科专业。应该说，这一专业的设置是符合经济社会发展需求和行业发展方向的，因此，其所培养的人才也受到用人单位的极大欢迎。从知识结构的角度来看，高校对该专业课程体系的构建还是相对完备的。

表 5-4 是南京信息工程大学制定的雷电防护科学与技术本科专业教学计划的部分核心内容。从中可以看出，该专业所对应的防雷业务所需要掌握的基本知识，

表 5-4　南京信息工程大学雷电防护科学与技术本科专业教学计划

课程类别	课程性质	课程名称	总学时	课内			课外	备注
				讲课	实验	上机		
公共基础课程	必修 75 学分	形势与政策	122				122	
		军事理论	32	32				
		马克思主义基本原理	48	32			16	
		中国近现代史纲要	32	26			6	
		毛泽东思想和中国特色社会主义理论体系概论	96	48			48	
		思想道德修养与法律基础	48	32			16	
		职业生涯规划与创新教育	25	9			16	
		就业指导与创业	25	9			16	
		体育（1）	30	30				
		体育（2）	32	32				
		体育（3）	32	32				
		体育（4）	32	32				
		计算机基础 I	32	22		10		★
		大学科学概论 I	32	32				★
		线性代数	32	32				★
		概率统计	48	48				★
		高等数学 I（1）	96	96				★
		高等数学 I（2）	96	96				★
		大学物理（1）	64	64				★
		大学物理（2）	64	64				★
		大学物理实验（1）	30		30			
		大学物理实验（2）	30		30			
		大学英语（1）	64	64				
		大学英语（2）	64	64				
		大学英语（3）	64	64				
		大学英语（4）	64	64				
		C 语言程序设计	64	48		16		★
	6 学分	通修课	其中人文社会科学类课程 2 学分，公共艺术类课程 2 学分					
		大学语文	32	32				
合计			1494	1168	60	26	240	

续表

<table>
<tr><th rowspan="2">课程类别</th><th rowspan="2">课程性质</th><th rowspan="2">课程名称</th><th rowspan="2">总学时</th><th colspan="3">课内</th><th rowspan="2">课外</th><th rowspan="2">备注</th></tr>
<tr><th>讲课</th><th>实验</th><th>上机</th></tr>
<tr><td rowspan="6">基础学科课程</td><td rowspan="6">必修
16 学分</td><td>电路分析基础Ⅱ</td><td>48</td><td>38</td><td>10</td><td></td><td></td><td></td></tr>
<tr><td>模拟电子线路</td><td>48</td><td>48</td><td></td><td></td><td></td><td></td></tr>
<tr><td>数字电子线路</td><td>48</td><td>48</td><td></td><td></td><td></td><td></td></tr>
<tr><td>电磁场理论</td><td>48</td><td>48</td><td></td><td></td><td></td><td>★</td></tr>
<tr><td>信号与系统Ⅱ</td><td>48</td><td>40</td><td>8</td><td></td><td></td><td>★</td></tr>
<tr><td>雷电原理</td><td>32</td><td>32</td><td></td><td></td><td></td><td>★</td></tr>
<tr><td colspan="3">合计</td><td>272</td><td>254</td><td>18</td><td>0</td><td>0</td><td></td></tr>
<tr><td rowspan="9">专业主干课程</td><td rowspan="9">必修
20 学分</td><td>电磁兼容导论</td><td>32</td><td>32</td><td></td><td></td><td></td><td>★</td></tr>
<tr><td>雷达气象学Ⅱ</td><td>32</td><td>30</td><td>2</td><td></td><td></td><td>★</td></tr>
<tr><td>建筑电气技术</td><td>32</td><td>26</td><td>6</td><td></td><td></td><td>★</td></tr>
<tr><td>接地技术</td><td>32</td><td>28</td><td>4</td><td></td><td></td><td>★</td></tr>
<tr><td>建筑防雷</td><td>48</td><td>44</td><td>4</td><td></td><td></td><td>★</td></tr>
<tr><td>防雷工程设计与施工</td><td>32</td><td>28</td><td>4</td><td></td><td></td><td>★</td></tr>
<tr><td>雷电灾害风险评估与管理基础</td><td>32</td><td>32</td><td></td><td></td><td></td><td></td></tr>
<tr><td>防雷工程检验审核与验收</td><td>32</td><td>24</td><td>8</td><td></td><td></td><td></td></tr>
<tr><td>信息系统防雷</td><td>32</td><td>24</td><td>8</td><td></td><td></td><td>★</td></tr>
<tr><td colspan="3">合计</td><td>304</td><td>268</td><td>36</td><td>0</td><td>0</td><td></td></tr>
<tr><td rowspan="6">专业方向课程Ⅰ</td><td rowspan="6">12 学分</td><td>大气物理学</td><td>32</td><td>32</td><td></td><td></td><td></td><td rowspan="6">雷电监测预警</td></tr>
<tr><td>雷暴监测预警</td><td>32</td><td>32</td><td></td><td></td><td></td></tr>
<tr><td>数据库技术及应用</td><td>32</td><td>22</td><td>10</td><td></td><td></td></tr>
<tr><td>卫星气象学</td><td>32</td><td>32</td><td></td><td></td><td></td></tr>
<tr><td>专业英语</td><td>32</td><td>32</td><td></td><td></td><td></td></tr>
<tr><td>中小尺度天气学</td><td>32</td><td>32</td><td></td><td></td><td></td></tr>
<tr><td rowspan="6">专业方向课程Ⅱ</td><td rowspan="6">12 学分</td><td>综合布线系统</td><td>32</td><td>26</td><td>6</td><td></td><td></td><td rowspan="6">防雷技术</td></tr>
<tr><td>专业英语</td><td>32</td><td>32</td><td></td><td></td><td></td></tr>
<tr><td>工程预算</td><td>32</td><td>24</td><td>8</td><td></td><td></td></tr>
<tr><td>工程制图</td><td>32</td><td>20</td><td></td><td>12</td><td></td></tr>
<tr><td>计算机辅助设计Ⅱ</td><td>32</td><td>16</td><td></td><td>16</td><td></td></tr>
<tr><td>高频电路</td><td>32</td><td>26</td><td>6</td><td></td><td></td></tr>
<tr><td></td><td colspan="2">小计</td><td colspan="6">可选择专业方向课程Ⅰ或Ⅱ修读 12 学分</td></tr>
<tr><td rowspan="6">专业任选课程</td><td rowspan="6">修满19学分，气象特色课程修满 4 学分</td><td>微机原理与接口技术</td><td>48</td><td>38</td><td>10</td><td></td><td></td><td></td></tr>
<tr><td>文献检索</td><td>16</td><td>10</td><td>6</td><td></td><td></td><td></td></tr>
<tr><td>Matlab 程序设计Ⅱ</td><td>32</td><td>16</td><td>16</td><td></td><td></td><td></td></tr>
<tr><td>通信系统原理Ⅱ</td><td>32</td><td>24</td><td>8</td><td></td><td></td><td></td></tr>
<tr><td>防雷设计规范与技术标准</td><td>32</td><td>32</td><td></td><td></td><td></td><td></td></tr>
<tr><td>地理信息系统Ⅲ</td><td>32</td><td>16</td><td>16</td><td></td><td></td><td></td></tr>
</table>

续表

课程类别	课程性质	课程名称	总学时	课内			课外	备注
				讲课	实验	上机		
专业任选课程	修满19学分，气象特色课程修满4学分	微波与天线	32	30	2			
		统计分析与SAS软件应用	32	26	6			
		高压与绝缘技术	32	32				
		天气探测学Ⅱ	32	28	4			
		气象仪器分析	32	8	24			
		电涌保护器原理与试验	32	26	6			
		数字信号处理Ⅰ	32	26	6			
		综合气象观测	32		32			
素质拓展课程		数学拓展课程	64					
		外语基础拓展课程	64					
		外语国际拓展课程	64					
		技能训练拓展课程						
	小计							
合计								
集中性实践教学环节	必修26学分	入学教育						
		毕业鉴定						
		生产实习						
		暑期社会实践						
		军训						
		毕业设计						
		模拟电路实验（1）						
		模拟电路实验（2）						
		课程设计						
		认识实习						
	小计							
	至少选修6学分	工厂实习						
		雷电防护工程训练						
		金工实习						
	小计							
合计								
总学分：180　课内总学时：2294								

注：★表示核心课程

如气象专业知识、电子基础及电气应用知识、建筑及机械方面的知识等已纳入课程体系之中。当然，该课程体系在知识结构方面也存在一定的不足，即与防雷相关的国家法规及规范方面的知识，以及市场开拓方面的知识尚未进行系统性的教学。

对于实际动手能力的培养，高校也同样非常重视。如南京信息工程大学在编制的培养计划中明确规定了实验、实践和实习的课时和学分要求，突出基础知识、基础技术、基础技能的强化训练和创新能力的培养，并通过与各地气象局防雷中心合作建立校外实习基地，为学生提供实习机会。但学生的动手能力和直接适应业务岗位要求的能力仍然不能得到用人单位的认可，用人单位认为高校培养的学生，所学的科学理论知识比较抽象，无法应用到实践中去，很多都需要到工作单位实习很长一段时间才能投入工作，并认为这主要是由于客观上高校的实验教学设备不配套，很多与业务实际相关的实验课程无法开设，因此学生只掌握理论，不懂得操作，无法完全了解各类气象资料形成的观测、传输、统计整理分析、质量控制全过程，存在学习与实践之间脱节的现象。而以校外实习基地为依托的产学研培养模式也未能发挥其应有的作用。[76]

如前所述，最近几年气象人才队伍每年计划新增 1700～1800 人，军队系统及其他部门每年所需人数则在 2000 人左右。相较而言，我国高校当前气象本科人才培养规模极难适应气象行业的发展需求。另据笔者观察，目前，我国高校气象本科人才培养与行业实际需要相脱节，培养的学生不能适应实际工作要求亦是事实。可见，当前我国高校的气象本科人才培养主要存在规模不足、知识结构单一、动手能力不强三大问题，而其深层次的问题和原因则必须通过对高校人才培养各要素环节的进一步剖析方能明晰。

第二节　我国高校气象本科人才培养个案分析

就构成要素来看，高校人才培养极其复杂，学界对此有二要素（培养目标、培养方法）、三要素（培养目标、培养过程、培养方法）、四要素（培养目标、培养制度、培养过程、培养评价）、多要素（培养目标、选拔制度、专业结构、课程结构与学科设置、教学制度、教学方式、校园文化以及日常教学管理等）等理论观点。二要素、三要素的观点对于人才培养内涵的阐述欠宽泛，多要素的观点则失之于琐细。相对而言，四要素说为广大学者所认可和接受。

四要素说从内涵上把人才培养划分为培养目标（目的性要素）、培养制度（计划性要素）、培养过程（实施性要素）和培养评价（结果性要素）四个方面，认为人才培养是在某种教育思想和理论指导下，按照一定的目标和规格，以相对稳定的教学内容、课程体系、管理制度及评估方式，进行人才教育的过程的总和。具体可包括四个方面：培养目标和规格，为实现一定的培养目标和规格的整个教育过程，为实现这一过程的一整套管理和评估制度，与之相匹配的科学的教学方式、方法和手段[77]。本节将就气象本科人才培养活动中，高校相对可控且与人才培养直接相关的目标要素和过程要素进行个案分析，探讨我国高校气象本科人才培养的现状[78]。

一、北京大学

（一）专业概况

北京大学大气科学专业设置在物理学院大气与海洋科学系。该专业的历史可追溯至 20 世纪三四十年代清华大学气象系。1952 年我国高校院系调整，清华大学气象系并入北京大学物理系，设为气象学专业。1958 年，气象学专业一分为二，建立起大气物理学专业、天气动力学专业。20 世纪 90 年代根据国家本科专业目录调整的要求，又合并为大气科学专业。

该专业的人才培养体系在国内高校同类专业中相对完备，拥有从学士至博士后的培养资格，并且是国内高校中唯一一个大气科学专业国家理科基础科学研究和教学人才培养基地，同时拥有大气科学一级学科国家重点学科。

北京大学大气科学专业作为国内大气科学学科水平最高的专业，师资力量和科研实力皆较雄厚。截至 2017 年 7 月 23 日，北京大学的大气与海洋科学系有教职员工 29 人，其中教授 8 人（杰出青年 2 人）、长聘副教授 4 人（优秀青年 2 人、青年拔尖人才 1 人）、助理教授 6 人（青年拔尖人才 1 人）、副教授 6 人、高级工程师 1 人，讲师 1 人，教学和科研管理岗位 4 人。另有兼职教授 5 人（均为中科院院士）。①

通过网络调查发现，该系大气科学专业 2011～2013 年招收的本科生规模在 20 人左右。约 90%的本科毕业生在国内外高校和研究院所攻读博士或硕士学位，约 10%的毕业生在国家机关、事业单位或大型公司就业。

（二）培养目标

人才培养目标是在一定教育理论观念指导下，所需要实现的对于人才需求和体现个人价值的基本要求和规格标准，即教育培养什么样的人能够满足国家、社

① 大气与海洋科学系概况. [2017-12-05]. http://www.atmos.pku.edu.cn/gywm/bxjj/index.htm。

会及个人的要求。

培养目标是高校人才培养活动中最具核心地位的要素，也是决定性因素。一定的培养目标决定了一定的培养制度、培养过程和培养评价，目标变化，必然导致制度、过程和评价三要素亦随之变化，进而形成人才培养的不同模式。

作为中国学术水平最高和人才培养能力最强的高等学府之一，北京大学所确定的气象类人才培养目标是：培养具有较强的计算机和外语能力，有深厚的数理基础和较为全面的文化素养的人才。在学习研究大气环境的同时，也具备较强的适应环境的能力，使学生具有出色的个人素质，大学毕业后可在科研机构、高等院校、企事业单位从事大气科学、环境科学、海洋等相关学科领域的研究、业务和管理等工作，并可继续攻读大气科学以及相关技术学科、交叉学科的研究生学位或出国继续深造。

（三）培养过程

人才培养过程是为实现某一培养目标，在人才培养制度的规定之下，利用教材、实验实践设施等载体，相互配合，从事教学活动的过程。培养过程是人才培养活动的基本要素之一，一般来讲，应包括专业设置、课程体系、培养途径和培养方案等内容。

专业设置是高等教育管理部门依据学科分工和产业结构的需要所设置的学科门类。它是人才培养过程的重要构成环节，规定着专业的名称及划分，反映了人才培养的业务规格和就业方向。专业设置通常包括设置口径、设置方向、设置时间和空间等内容。所谓设置口径是指对专业进行划分时所确定的主要学科基础(或主干学科）及业务范围的覆盖面；设置方向是指在专业内是否另设专攻方向及设置数量，学界普遍认为大专业、多方向应是专业设置的改革趋势；设置时间和空间则是指专业设置的早晚、松紧、灵活性与弹性。

课程体系是教学管理者按照一定程序组织起来拟向学生传授的教学内容及其进程的总和，这是人才培养过程得以实现的载体。人们一般从课程体系的数量与课程类型、课程体系的综合化程度、设置的机动性、发展的灵活性和结构的平衡性这五个方面来衡量课程体系的构造形态。

培养途径发挥的是人才培养活动载体的作用，它一般分为综合途径、基本途径、教学途径、非教学途径等。综合途径就是通常所说的“产学研”一体化培养，而基本途径则是目前普遍采用的课程教学、科学研究和社会实践，教学途径就是课程教学，非教学途径主要包括所谓“隐性课程”的教育环境及教育活动，它是相对于正常的教学活动而言的，诸如校园文化、社会实践、课余活动等皆属此类。

培养方案主要包括人才培养的目标定位、教学计划和非教学途径的安排等基本内容，它是人才培养的实践化形式。目标定位在培养方案中的基本作用是明确人才的根本特征，确定人才培养的方向、规格及业务培养要求；教学计划是培养方案的实体内容，通常由课程设置、学时学分结构和教学过程组织三部分组成，其作用主要是具体规定高校学科设置、教学顺序、教学时数和各种活动。

就北京大学大气科学专业而言，其专业设置主要依据教育部本科专业目录设置为大气科学专业和应用气象学专业。学生在第五学期根据个人兴趣爱好分专业，并在导师指导下从事科学研究。

其课程体系主要构成如下：总学分：140 学分。其中，必修课程：102 学分（全校公共必修课程 29 学分；大类平台必修课程至少 22 学分；专业必修课程 51 学分）；选修课程：38 学分（大类平台选修课程 9 学分；本科素质教育通选课 12 学分；专业选修课，基础类至少 4 学分；专业选修课，专业类至少 13 学分）；实践实习：必修，无学分；毕业论文：6 学分。①

其培养途径主要按照“加强基础，拓宽专业，因材施教，分流培养”的方针，注重学生数理基础、实验动手能力和创新素质的培养。在教学方式上，以课堂讲授为主，辅之以实验教学和实践实习。并从三年级开始，鼓励和资助优秀学生，根据自己的兴趣，在专业老师的指导下从事科学研究。

学分要求与课程设置具体见表 5-5①。通过该表可以看出，北京大学虽在培养目标和培养方案中明确提出培养兼具科研、业务和管理工作能力的复合型人才，但从其具体制定的教学计划来看仍是服务于学术型人才培养的。[79]

表 5-5　北京大学大气科学专业的学分要求与课程设置情况

（1）全校公共必修课程：29 学分				
课程号	课程名称	周学时	学分	开课学期
03835061	大学英语（一）	4	2	秋季
03835062	大学英语（二）	2	2	全年
03835063	大学英语（三）	2	2	全年
03835064	大学英语（四）	2	2	全年
04031650	思想道德修养与法律基础	2	2	全年

① 本科生学分要求与课程设置. [2017-12-05]. http://www.atmos.pku.edu.cn/jyjx/bksjy/kcsz/266.htm。

续表

(1) 全校公共必修课程：29 学分

课程号	课程名称	周学时	学分	开课学期
04031660	近现代史纲要	2	2	全年
04031730	毛泽东思想和中国特色社会主义理论体系概论	3	4	全年
04031740	马克思主义基本原理概论	2	3	全年
04031750	形势与政策	1	1	全年
04831410	计算概论（B）	3	3	秋季
60730020	军事理论	2	2	秋季
	体育系列课程		4	

(2) 大类平台课程：31 学分

必修：至少 22 学分

课程号	课程名	周学时	学分	开课学期
	高等数学（A 或 B）	4	至少 10	一年级
	线性代数（A 或 B）	4	至少 4	一年级
00430132 00430133	现代电子电路基础及实验	4	5	二年级
04831420 04830480 00130280	数据结构与算法（B） 或微机原理 B 或计算方法（B）	4	至少 3	春季 秋季 春季

选修：9 学分

从理工科其他大类平台课、物理学院其他课程及校内其他院系主干基础课中选修

(3) 专业课程：68 学分

必修：51 学分

课程号	学院课号	课程名	学分	开课学期
	PHY-0-04X 系列及 PHY-0-05X 系列	普通物理（力学、热学、电磁学、光学、原子物理[或近代物理]）	至少 13	一、二年级
	PHY-0-06X 系列	普通物理实验Ⅰ、普通物理实验Ⅱ	6	二年级
	PHY-1-01X 系列	数学物理方法	4	二年级
	PHY-1-04X 系列及 PHY-1-05X 系列	四大力学（理论力学、平衡态统计物理[或热力学与统计物理]、电动力学、量子力学）、固体物理	6（不含讨论班）	二、三、四年级
00430191	PHY-0-811	大气科学导论	2	春、秋季
00432247	PHY-1-811	大气物理学基础	3	秋季
00432248	PHY-1-812	大气勘测原理	3	秋季
00432249	PHY-1-821	流体力学	3	秋季

续表

（3）专业课程：68 学分

必修：51 学分

课程号	学院课号	课程名	学分	开课学期
00432251	PHY-1-831	天气学	3	春季
00432252	PHY-1-832	大气动力学基础	4	春季
		讨论班 1	2	
		讨论班 2	2	

选修：按基础类、专业类分别要求

a.基础类：至少 4 学分

课程号	课程名	周学时	学分	开课学期
00430151	现代物理前沿讲座 I	2	2	秋季
	天体物理	3	3	春季
	基础天文	3	3	春季
00432164	生物物理导论	2	2	秋季
00432166	几何光学及光学仪器	2	2	春季
00432224	现代物理前沿讲座 II	2	2	春季
00432228	定性和半定量物理学	2	2	不定期
00432250	描述性物理海洋学	2	2	秋季
00432380	统计概率（B）	3	3	秋季

b.专业类：至少 13 学分

课程号	课程名	周学时	学分	开课学期
00431710	近海海洋学	2	2	不定期
00432207	卫星气象学	3	3	秋季
00432253	大气物理实验	3	3	春季
00432255	天气分析与预报	3	3	秋季
00432275	云物理学导论	2	2	春季
00432280	遥感大气探测	3	3	不定期
00432290	气候模拟	4	4	不定期
00432310	全球环境与气候变迁	2	2	秋季
00432322	大气化学导论	2	2	春季
00407780	数值天气预报	4	4	秋季
30330043	教师指导下的小组研究	4	4	
30330033	教师指导下的独立研究	4	4	

（4）本科素质教育通选课：12 学分

A. 数学与自然科学类：AF 类至少 2 学分

B. 社会科学类：至少 2 学分

C. 哲学与心理学类：至少 2 学分

D. 历史学类：至少 2 学分

E. 语言学、文学、艺术与美育类：至少 4 学分，其中至少一门是“大学语文”，至少一门是艺术与美育类课程

F. 社会可持续发展

二、南京信息工程大学

（一）专业概况[①]

南京信息工程大学素有中国气象行业黄埔军校之称，其前身是中国气象人才的摇篮——南京气象学院。作为原气象行业所属高校，该校在建校之初（1960 年）就创立了与气象行业业务需要紧密结合的天气与动力气象学、大气物理学、气候学三个专业，1974 年新增大气探测专业，1978 年又新增人工影响天气和气象自动化两个专业。1984 年，大气物理专业获得硕士学位授予权。1994 年，首次在气象学专业招收博士研究生。1998 年，大气物理学与大气环境专业获准招收博士研究生，并获准设立大气科学博士后科研流动站。2012 年，随着教育部本科人才培养专业目录的调整，相关专业整合为大气科学和应用气象两个专业。

目前，该校建有大气科学学院、大气物理学院、应用气象学院三个气象类学院，设有大气科学、大气科学（气候学）、大气科学（大气环境）、大气科学（水文气象）、大气科学（大气物理）、大气科学（大气探测）、应用气象学等大气科学类专业（方向）。同时还设有雷电防护科学与技术、遥感科学与技术、地理信息系统、资源环境与城乡规划管理等与大气科学类密切相关的专业。

如果说南京信息工程大学是国内大气科学类专业覆盖面最全的高校，一点也不为过。相应地，南京信息工程大学也是国内大气科学类师资队伍和本科在校生规模最大的高校。2021 年，该校的大气科学学院有教职工 162 人，其中专任教师 134 名。专任教师中，教授（研究员）61 名、副教授（副研究员）33 名，博士生导师 61 名、硕士生导师 63 名，50 岁以下教师博士学位拥有率达 100%，具有国际化经历比例达到 86%。

（二）培养目标[②]

南京信息工程大学大气科学本科专业人才培养目标是：培养具有扎实的大气科学基本理论、知识和技能，可在气象学、应用气象学、气候学、大气物理、大气探测、大气环境及其相关学科从事教学、科研、科技开发及相关管理工作的高级专门人才。该专业学生主要学习大气科学等方面的基本理论和知识，接受科学

---

① 大气科学学院概况. [2021-12-05]. http://cas.nuist.edu.cn/xygk/xyjj.htm。

②本部分内容系笔者根据访谈调研资料整理而成。因南京信息工程大学大气科学类专业方向设置得较多，本节仅以本科专业目录内的大气科学专业和应用气象专业为例予以介绍。

思维与科学实验（包括野外实习和室内实验）方面的基本训练，应具备良好的科学素养，具有开展大气科学基础研究或应用研究，进行数据处理、理论分析和计算机应用的基本技能，同时，具有较强的知识更新和科学适应能力。

应用气象学专业的人才培养目标是：培养具有应用气象学专业的基础理论、知识和技能，能够在农业气象及产业工程气象、城市气象、天气预报、气候资源开发利用、气象防灾减灾和生态环境监测与评价等领域从事科研、教学和业务管理工作的应用型高级专门人才。要求学生学习应用气象学基本理论知识，具有较强的知识更新和科学适应能力。毕业生可在气象、环保、海洋、民航、国防、高校以及相关科研院所等部门就业。

（三）培养过程

1. 专业设置

南京信息工程大学大气科学类专业的设置情况前文已做介绍，主要有大气科学、大气科学（气候学）、大气科学（大气环境）、大气科学（水文气象）、大气科学（大气物理）、大气科学（大气探测）、应用气象学等本科专业目录类专业方向，以及雷电防护科学与技术、遥感科学与技术等与大气科学密切相关的目录外本科专业。

2. 课程体系

南京信息工程大学大气科学类专业的课程体系构成如表 5-6、表 5-7 所示。由表可知，该校大气科学专业课程体系中专业课与公共课的学分比例约为 1∶2，表现出非常典型的扁平化结构特征，而这一结构正是为培养宽基础的复合型人才所设计的。

表 5-6　南京信息工程大学大气科学专业 2016 版毕业学分要求及学分学时分配①

课程类别	课程性质	学分	占总学分比例/%	学时	占总学时比例/%
公共基础课程	必修	73	40.6	1312	43.2
	选修	6	3.3	96	3.2
学科基础课程	必修	16	8.9	256	8.4
专业主干课程	必修	30	16.7	480	15.8
专业任选课程	选修	20	11.1	320	10.5
集中性实践教学环节	必修	35	19.4	576	18.9
合计		180	100	3040	100

①参考自南京信息工程大学大气科学专业本科人才培养方案。

表 5-7 南京信息工程大学应用气象学本科专业课程体系

课程类型			毕业最低学分要求
理论教学	公共基础课程	必修	75
		通修	6
	学科基础课程	必修	18
	专业主干课程	必修	24
	专业方向课程	必修	12
	专业任（限）选课程	选修	15
实践教学		必修	25
		选修	5
合计			180

3. 培养途径

近年来，南京信息工程大学在本科生的培养途径方面做了大量尝试，在原有“重基础、强实践，培养大气科学应用型人才”的基础上，大力推进人才培养的改革与创新，加快国际化步伐，实行分层次、分类型培养。

首先，实行“三双制”，培养了教师的国际视野。学校聘请了国际气象界著名专家担任大气科学类学院海外院长，构成由“国外院长校内执行院长”的机制，促进国内外科技合作、学术交流和海外人才引进；对教师在国外接受教育和合作科研提出要求，使教师尤其是年轻教师具备“国内+国外”的科研经历，选派中青年教师赴欧美进行长期科研合作，同时资助具有博士学位的优秀青年教师师从国际著名科学家开展博士后研究工作；同时，还从海内外招聘、引进了一批高层次大气科学人才，吸引了多位国际著名气象专家来校从事长期或短期的教学和科研工作；这种“国内外双院长制、国内外双导师制、国内外双经历制”有效地推动了大气科学专业教师的国际学术交流与合作，提高了其教学和科研水平。

其次，优化课程体系，改进了教学方法和教学手段。在重基础、强实践的课程体系基础上，构建科研型和业务型等服务面向型指定选修课程模块，使部分本科毕业生向高学历研究型方向发展，部分毕业生向气象台站业务技术型方向发展，实现了高年级阶段人才培养的分流。课程模块化设置和优秀课程建设促进了教学内容、方法和手段的改革，进一步加强了研究式教学和启发式、讨论式教学；改革了教学手段，有效利用多媒体手段教学，如提供网络课程等教学资源、通过视频方式授课等。

最后，以高层次实践平台建设为抓手，加强了大气科学本科专业的实践教学改革。南京信息工程大学大气科学专业目前拥有“教育部省部共建气象灾害重点实验室”“中美合作遥感中心”“流体力学实验教学中心”“大气综合观测场”“气象台”等校内实践教学设施；特别是学校“气象台”在中国气象局的大力支持下，已建成国内高校唯一一个具有中央气象台业务技术水平的气象台。目前该台具有实时接收风云卫星和多普勒天气雷达资料的能力，具有与中央气象台以及全国各省气象台进行实时业务会商的能力。教师和学生可直接利用卫星观测、雷达观测、全球地面和高空常规和非常规观测所获取的各种资料和图像进行综合分析运用，以制作短期天气预报和短期气候预测并进行实时实践教学训练。

除了校内实践教学设施外，该校大气科学专业已与大部分省级气象部门签署协议，使其成为南京信息工程大学的学生校外实习基地。南京信息工程大学还面向大气科学本科专业学生开展创新性的“学生科研计划”（Student Scientific Research Plan，SSRP），发展和完善特色性的“学生第二课堂”项目，利用气象台和气象灾害开放实验室资源，使学生以团队的形式参与教师的科学研究项目，实行本科生“导师负责制”，为“学生科研计划”项目团队指定优秀教师进行科学指导。

4. 培养方案

南京信息工程大学大气科学专业人才培养的目标定位是：培养能够在大气环境、大气物理、大气探测、气象学、气候学、应用气象及其相关学科从事教学、科研、科技开发及相关管理工作的高级专门人才。其具体教学计划见表5-8。

南京信息工程大学的人才培养目标和培养方案充分体现出其对应用型气象人才培养的重视，但从课程体系的设置和培养途径的选择上来看，课堂的知识讲授仍是主要的教学方式。而且该校在相当大的程度上把应用型人才的培养等同于气象观测和天气预报能力的提高。实际上，前文已述，当今的气象业务领域已大大拓展，应用型气象人才绝不等同于气象观测员或天气预报员，如前文所述的防雷业务等皆是对实践能力要求很高的岗位。而对于这些业务领域人才实践能力的针对性培养尚未在实际的人才培养活动中得到反映。这说明高校没有及时掌握气象业务发展的最新动态和特点，或者至少在本科层次的人才培养活动中没有得到有效的体现。笔者认为，用于提高学生实际动手能力的实践平台，无论是校内的教学实验室，还是校外的产学研基地或实践基地，水平不一定要高，设备也不一定力求先进，关键在于其是否贴近实际业务工作，对实际业务工作是否具有高仿真度，从而使学生通过实践平台的锻炼能够获得直接胜任工作岗位的能力。

表 5-8　南京信息工程大学 2016 版本科教学计划运行表（气象类）①

专业：大气科学代码：070601

课程类别	课程性质	课程名称	课程编号	课程英文名称	学分	总学时	讲课	实验	课外	开课单位	开课学期	备注
公共基础课程	必修（73 学分）	形势与政策	1100101	Situation & Policy	2	32			32	大气院	各	
		军事理论	1112002	Military Theory	1	36	36			人武部	1	
		思想道德修养与法律基础	1111703	Morals and Ethics & Law Fundamentals	2	32	32			马院	1	
		中国近现代史纲要	1121704	Modern Chinese History	2	32	32			马院	2	
		马克思主义基本原理	1151705	Marxism Basic Theory	2	32	32			马院	5	
		毛泽东思想和中国特色社会主义理论体系概论	1161706	Introduction to Mao Zedong Thought and Theory of Socialism with Chinese Characteristics	3	48	48			马院	6	
		职业生涯规划	1111907	Career Planning	0.5	16	8		8	学工处	1	
		创新创业基础	1131408	Innovation and Entrepreneurship Foundation	1	32	16		16	经管院	3	
		就业指导	1161909	Employment Guidance	0.5	16	8		8	学工处	6	
		体育（1）	1111810	Physical Education（1）	1	30	30			体育部	1	
		体育（2）	1121811	Physical Education（2）	1	32	32			体育部	2	
		体育（3）	1131812	Physical Education（3）	1	32	32			体育部	3	
		体育（4）	1141813	Physical Education（4）	1	32	32			体育部	4	
		大学计算机基础 II	1111014	Fundamentals of Computer Science	1	32	22	10		计软院	1	

① 大气科学学院网站. [2017-12-05]. http://cas.nuist.edu.cn/info/1486/10354.htm。

续表

课程类别	课程性质	课程名称	课程编号	课程英文名称	学分	总学时	讲课	实验	课外	开课单位	开课学期	备注
公共基础课程	必修（73学分）	气象程序设计	1130115	Programming in Meteorology	3	48	32	16		大气院	3	
		心理健康教育	1121916	Psychological Health Education	1	16	16			学工处	2	
		基础英语（1）	1111517	Basic English（1）	3	48	48			语院	1	
		基础英语（2）	1121518	Basic English（2）	3	48	48			语院	2	
		学术英语听说	1131519	English for Academic Listening and Speaking	3	48	48			语院	3	
		学术英语读写	1141520	English for Academic Reading and Writing	3	48	48			语院	4	
		高等数学Ⅰ（1）	1111121	Advanced Mathematics Ⅰ（1）	6	96	96			数统院	1	
		高等数学Ⅰ（2）	1121122	Advanced Mathematics Ⅰ（2）	6	96	96			数统院	2	
		线性代数	1121123	Linear Algebra	3	48	48			数统院	2	
		概率统计	1131124	Probability Theory and Statistics	3	48	48			数统院	3	
		大学物理Ⅰ（1）	1121225	College Physics Ⅰ（1）	4	64	64			物电院	2	
		大学物理Ⅰ（2）	1131226	College Physics Ⅰ（2）	4	64	64			物电院	3	
		大学物理实验Ⅱ	1111227	Physics Lab Ⅱ	1	30		30		物电院	1	
		计算方法	1131128	Computing Method	3	48	32	16		数统院	3	
		数理方程	1131129	Equations of Mathematical Physics	3	48	48			数统院	3	
		热力学	1131230	Thermodynamics	3	48	48			物电院	3	
		复变函数	1141131	Complex Function	2	32	32			数统院	4	
		应修小计			73	1312						
	选修（6学分）	通修课	1602132	其中人文社会科学类课程2学分，公共艺术类课程2学分								
		大学语文	1621533	College Chinese	2	32	32			语院	1	
		应修小计			6	96						
应修合计					79	1408						

续表

课程类别	课程性质	课程名称	课程编号	课程英文名称	学分	总学时	讲课	实验	课外	开课单位	开课学期	备注
学科基础课程	必修（16学分）	大气科学概论Ⅳ	2110134	Introduction to Atmospheric Science Ⅳ	1	16	16			大气院	1	
		大气探测学Ⅱ	2120235	Atmospheric Observation	2	32	32			大物院	2	
		大气物理学Ⅱ	2130236	Atmospheric Physics Ⅱ	2	32	32			大物院	3	
		流体力学Ⅰ	2130137	Fluid Dynamics Ⅰ	4	64	64			大气院	3	
		天气学原理和方法Ⅰ	2140138	Principle and Method of Synoptic Meteorology	4	64	64			大气院	4	
		现代气候学Ⅰ	2140139	Modern Climatology	3	48	48			大气院	4	
应修合计					16	256	256	0				
专业主干课程	必修（30学分）	天气学分析基础	3140140	Essentials of Synoptic Analysis	2	32		32		大气院	4	
		动力气象学Ⅰ	3150141	Dynamic Meteorology Ⅰ	5	80	80			大气院	5	
		中国天气Ⅰ	3150142	Synoptic Processes in China Ⅰ	3	48	48			大气院	5	
		典型天气过程分析Ⅰ	3150143	Analysis of Typical Synoptic Processes Ⅰ	3	48		48		大气院	5	
		气象统计方法Ⅰ	3160144	Meteorological Statistical Method Ⅰ	4	64	48	16		大气院	6	
		数值天气预报Ⅰ	3160145	Numerical Weather Prediction Ⅰ	4	64	54	10		大气院	6	
		短期气候预测	3160146	Short Period Climate Predictions	3	48	32	16		大气院	6	
		天气会商与讨论	3160147	Weather Consultation and Discussion	2	32		32		大气院	6	
		气象雷达资料处理及应用	3160248	Weather Radar Data Processing and Application	2	32	24	8		大物院	6	
		气象卫星资料处理及应用	3150249	Weather Satellite Data Processing and Application	2	32	24	8		大物院	5	
应修合计					30	480	310	170				

续表

课程类别	课程性质	课程名称	课程编号	课程英文名称	学分	总学时	讲课	实验	课外	开课单位	开课学期	备注
专业任选课程	选修（至少20学分）	热带天气动力学	5260150	Tropical Weather Dynamics	2	32	32			大气院	6	
		大气环流	5270151	General Circulation of Atmosphere	2	32	32			大气院	7	
		数值模式与模拟	5270152	Numerical Model and Simulation	3	48	32	16		大气院	7	
		中尺度天气动力学Ⅰ	5260153	Mesoscale Weather Dynamics	3	48	48			大气院	6	
		天气学诊断分析Ⅰ	5250154	Synoptic Diagnostic Analysis	3	48	36	12		大气院	5	
		专业英语	5250155	Specialized English for Atmospheric Science	2	32	32			大气院	5	
		青藏高原气象学	5270156	Qinghai-Tibet Plateau Meteorology	2	32	32			大气院	7	
		气象资料及应用	5270157	Meteorological Data Processing and Application	2	32	24	8		大气院	7	
		英语口语交流（1）	5211558	Communication in Oral English（1）	2	32		32		语院	1	
		英语口语交流（2）	5221559	Communication in Oral English（2）	2	32		32		语院	2	
		计算机程序设计（C语言）	5221060	Computer Programming（C Programming Language）	4	64	48	16		计软院	2	
		气象科学绘图	5240161	Graphing in Meteorological Science	2	32	16	16		大气院	4	
		理论力学Ⅱ	5231262	Theoretical Mechanics Ⅱ	2	32	32			物电院	3	
		数学建模	5241163	Mathematical Modelling	3	48	36	12		数统院	4	
					34	544	400					
应修合计					20	320						

续表

课程类别	课程性质	课程名称	课程编号	课程英文名称	学分	总学时	讲课	实验	课外	开课单位	开课学期	备注
集中性实践环节	必修（35学分）	思想道德修养与法律基础实践	7111764	Ideological and Moral Cultivation & Basic Law Practice	1	16				马院	1	
		马克思主义基本原理实践	7151765	Basic Principles Practice of Marxism	1	16				马院	5	
		毛泽东思想和中国特色社会主义理论体系概论实践	7161766	Introduction to Mao Zedong Thought and Theory Practice of Socialism with Chinese Characteristics	3	48				马院	6	
		军训	7112067	Military Training	1	32				人武部	1	
		暑期社会实践	7100168	Summer Social Practice	2	96				大气院	暑期	
		毕业实习	7180169	Graduation Practice	4	64				大气院	8	
		毕业设计（论文）	7170170	Graduation Design（Dissertation）	12	192				大气院	7、8	
		创新创业训练	7100171	Innovation and entrepreneurship training	4					大气院	各	
		天气预报综合实习Ⅰ	7170172	Comprehensive Practice of Weather Forecasting Ⅰ	3	48				大气院	7	
		大气探测实习Ⅱ	7120273	Practice of Atmospheric Detection Ⅱ	1	16				大物院	2	
		现代气象业务和服务	7180174	Operations and Service of Modern Meteorology	1	16				大气院	8	
		数值预报产品使用	7180175	Usage of Numerical Forecasting Products	1	16				大气院	8	
		临近和短时天气预报实习	7170176	Practice of Nowcasting and Short-range Weather Forecasting	1	16				大气院	7	
应修合计					35							
毕业总学分		180										

三、中国海洋大学

（一）专业概况

中国海洋大学大气科学专业设置在海洋与大气学院气象学系。该系是全国唯一冠以“海洋气象学”的历史悠久的教学和科研院系。其前身可追溯至1935年中国现代气象事业奠基人蒋丙然在国立山东大学物理系创立的天文气象组。1949年山东大学物理系恢复气象组。1953年物理系气象组并入海洋学系。1957年9月经高教部同意，物理海洋学专业改名为海洋水文学专业，海洋气象教研组扩充为海洋气象学专业。海洋学系更名为海洋水文气象系。1958年10月，山东大学主体迁往济南。留在青岛的海洋水文气象系等于1959年成立山东海洋学院。1960年山东海洋学院海洋气象专业第一届本科生毕业。1993年海洋环境学院成立，下设海洋学系、海洋气象学系、物理海洋研究所等。2003年设置应用气象学本科专业。

从当初的海洋水文气象系到现在的海洋与大气学院，中国海洋大学大气科学专业始终都与物理海洋专业并存，这种大气与海洋长期相互交融形成了该校大气科学专业的特色。在大气科学专业突出大尺度海-气相互作用和气候方向，在应用气象专业突出中尺度海-气相互作用和海洋气象以及大气环境方向。

中国海洋大学的大气科学本科教学工作在其海洋与大气学院进行。截至2017年3月17日，中国海洋大学大气科学专业目前拥有专任教师25名，实验技术系列教师3名。其中教授10名（博士生导师6名）、副教授6名、讲师8名。教师年龄结构合理，以中青年教师为主（占68%）。25名专任教授有23名具有博士学位（占92%），17名教师具有海外交流访问和留学经历（占68%）。近五年来毕业本科生407名，其中继续深造攻读研究生的在60%以上，其他学生工作主要去向是气象局等事业单位、部队（国防生）等，一次性就业率稳定在93%～97%。

（二）培养目标

中国海洋大学大气科学专业人才培养目标是：培养适应社会发展需要，具有宽厚的数理、外语、计算机基础，具备大气科学综合知识和创新意识，能在与海洋相关的气象、农业、生态、环保、交通、水文、能源、国防等领域从事科研、教学、技术开发及管理等工作的高级专门人才或创新型复合型人才。具体目标如下：①具有良好的思想道德素质，德、智、体全面发展，具有良好的科学与人文修养及沟通交流能力；②掌握大气科学的基本理论、基础知识和基本技能；③具备大气科学特定领域专项技能和综合分析能力；④具备从事科学研究的基本素养、创新精神和职业操守；⑤面对新的学科发展需要，具有较强的自主学习、知识更新和应用能力。[①]

应用气象学专业的培养目标是：培养能够掌握大气科学基本理论、知识和技能，胜任气象学、应用气象学和气候学、大气探测、大气环境，特别是与海洋相关的上述领域从事教学、科研和业务工作的专门人才。在知识结构方面，该专业的学生应系统地掌握与大气科学直接相关的流体力学、大学物理、高等数学等方面的基本理论和知识。在素质能力方面，该专业的学生应能够进行基本的数据分析和计算机应用。学生毕业后可在高校、科研机构、气象部门、环保部门、民航系统及军队从事教学、科研、业务和管理工作，也可继续攻读应用气象及其相关学科的研究生。

（三）培养过程

1. 专业设置

中国海洋大学目前只有大气科学类专业，曾设置了大气科学、应用气象学两个本科专业。需要强调的是，这两个专业与物理海洋专业一直并存于一个教学实体，相互交融，着重突出对海-气相互作用与气候、海洋气象等领域特色人才的培养。

2. 课程体系

中国海洋大学大气科学类专业的课程体系构成如表 5-9、表 5-10 所示。通过此表也可看出，中国海洋大学同样是以培养知识结构广博的通才为目标来设计课程体系的。

3. 培养途径

中国海洋大学的人才培养途径主要按照“通识为体，专业为用”的教育理念，着重突出学生的个性化培养，尤其强调学生的实践能力的培养。认为学生应具备三个层次的实验技能。

① 根据中国海洋大学提供的有关资料整理而成。http://coas.ouc.edu.cn/2017/0308/c8370a59824/page.htm。

表 5-9　中国海洋大学大气科学专业毕业学分要求（2016 版）[①]

课程体系		学分要求		
		必修	选修	合计
公共基础层面	思想政治类	15		72.5
	高等数学类	25		
	大学外语类	10		
	大学物理类	15.5		
	军事、体育类	7		
通识教育层面	通识教育课程		8	8
专业教育层面	学科基础课程	15	2	69.5
	专业知识课程	23	10	
	工作技能课程	17.5	2	
总计		128	22	150

首先，基本层次为大学物理的实验技能，计算机编辑、上网、资料查询等基本使用技能和 FORTRAN 等高级语言编程技能，流体力学实验的基本知识和技能、海洋调查基本手段和方法。

其次，专业基础层次为大气探测的基本手段和技能、数值天气预报基础的基本手段和方法。

最后是工作层面的实验技能，为气象资料分析处理基本手段和绘图、数值天气预报模式的基本手段和方法，天气学分析的基本方法和技能，天气预报实习的实践能力及毕业论文的全过程中的知识和技能的综合运用。

同时，还鼓励学生参加创新性实验课程，主要包括本科生研究训练计划（OUC-SRTP）、国家大学生创新性实验计划、大学生各类竞赛等，经学校认定后，学生可以获得相应学分。

四、个案分析

就北京大学而言，大气科学专业培养的目标是具有较强的计算机和外语能力，有深厚的数理基础和较为全面的文化素养。在学习研究大气环境的同时，也具备较强的适应环境的能力，使学生具有出色的个人素质，明显具有“深理论，全素质”的特点，这与北京大学作为一所综合性大学所具有的人才培养目标是一致的。

① 2016 大气科学专业人才培养方案. [2017-12-05]. http://coas.ouc.edu.cn/e9/4d/c8437a59725/ page.htm。

表 5-10　中国海洋大学大气科学专业本科教学计划表（2016 版）[①]

课程层面	课程类别	课程名称	课程性质	学分	课时					建议修读学期及学分												最低学分要求
					讲授	实践课时				第一学年			第二学年			第三学年			第四学年			
						实验	上机	设计	实践	夏	秋	春	夏	秋	春	夏	秋	春	夏	秋	春	
通识教育	思想政治理论	思想道德修养和法律基础	必修	3	48						3											必修 72.5
		中国近现代史纲要	必修	2	32							2										
		马克思主义基本原理概论	必修	3	48									3								
		毛泽东思想和中国特色社会主义理论体系概论	必修	6	64				64						6							
		形势与政策 I	必修	0.5	16								0.5									
		形势与政策 II	必修	0.5	16											0.5						
	高等数学	高等数学 I 1	必修	6	96						6											
		高等数学 I 2	必修	6	96							6										
		数学物理方法 A	必修	6	96										6							
		线性代数	必修	3	48									3								
		概率统计	必修	4	64									4								

① 2016 大气科学专业人才培养方案. [2017-12-05]. http://coas.ouc.edu.cn/e9/4d/c8437a59725/page.htm。

续表

课程层面	课程类别	课程名称	课程性质	学分	课时					建议修读学期及学分												最低学分要求
					讲授	实践课时				第一学年			第二学年			第三学年			第四学年			
						实验	上机	设计	实践	夏	秋	春	夏	秋	春	夏	秋	春	夏	秋	春	
通识教育	大学物理	大学物理Ⅰ1	必修	4	64							4										必修72.5
		大学物理Ⅰ2	必修	3	48									3								
		大学物理Ⅰ3	必修	4	64										4							
		大学物理实验1	必修	1.5		48						1.5										
		大学物理实验2	必修	1.5		48								1.5								
		大学物理实验3	必修	1.5		48									1.5							
	大学外语	大学英语Ⅰ	必修	2	32	32				四年开课不断线，修满10学分即可												
		大学英语Ⅱ	必修	2	32	32																
		大学英语Ⅲ	必修	2	32	32																
		大学英语Ⅳ	必修	2	32	32																
		大学英语拓展类课程	必修	2门	32	32																
	体育	体育Ⅰ	必修	1	4				28	四年开课不断线，修满4学分即可												
		体育Ⅱ	必修	1	4				28													
		体育Ⅲ	必修	1	4				28													
		体育Ⅳ	必修	1	4				28													
	军事	军事科学概论	必修	2	32						2											
		军事训练	必修	1					2周	1												

续表

课程层面	课程类别	课程名称	课程性质	学分	课时					建议修读学期及学分												最低学分要求
					讲授	实践课时				第一学年			第二学年			第三学年			第四学年			
						实验	上机	设计	实践	夏	秋	春	夏	秋	春	夏	秋	春	夏	秋	春	
通识教育	通识课程	开设科学精神与科学技术、社会发展与公民教育、经典阅读与人文修养、艺术与审美、海洋环境与生态文明五个通识教育知识模块	选修	8						在1～4年级，从2个及以上不同知识模块修读至少8个学分的课程，且不能选修与本专业培养方案相同或相似的课程												选修8
专业教育	学科基础	海洋学Ⅰ	必修	4	64							4										必修15
		流体力学Ⅰ	必修	4	64												4					
		流体力学实验	必修	1		32												1				
		计算方法	必修	3	32		32							3								
		FORTRAN程序设计	必修	3	32		32					3										
		流体力学Ⅱ	选修	2	32													2				选修2
		理论力学	选修	3	48										3							
	专业知识	大气科学导论	必修	2	32						2											必修23
		大气物理学	必修	3	48										3							
		大气探测	必修	2	32							2										

续表

课程层面	课程类别	课程名称	课程性质	学分	课时					建议修读学期及学分												最低学分要求
					讲授	实践课时				第一学年			第二学年			第三学年			第四学年			
						实验	上机	设计	实践	夏	秋	春	夏	秋	春	夏	秋	春	夏	秋	春	
专业教育	专业知识	天气学原理	必修	4	64												4					必修 23
		动力气象学	必修	4	64													4				
		气候学基础	必修	2	32															2		
		数值天气预报	必修	2.5	32		16											2.5				
		气象统计方法	必修	3.5	48		16										3.5					
		海-气边界层与海雾	选修	3	48															3		选修 10
		海洋-大气相互作用	选修	2	32															2		
		海上灾害天气	选修	2	32												2					
		遥感气象学	选修	3	48													3				
		空气污染气象学	选修	3	48															3		
		物理海洋学	选修	4	64													4				
		全球气候变化与应对	选修	0.5	16											0.5						
		风暴潮	选修	2	32																2	
		海浪	选修	2	32															2		
		潮汐	选修	2	32																2	

续表

课程层面	课程类别	课程名称	课程性质	学分	课时					建议修读学期及学分												最低学分要求
					讲授	实践课时				第一学年			第二学年			第三学年			第四学年			
						实验	上机	设计	实践	夏	秋	春	夏	秋	春	夏	秋	春	夏	秋	春	
专业教育	工作技能	天气学分析	必修	1.5		48											1.5					必修17.5
		天气预报实习	必修	2		64															2	
		海洋-大气数据分析	必修	1.5			48									1.5						
		Linux 基础	必修	1			32						1									
		大气勘测实习	必修	1					1 周				1									
		气象业务技能培训	必修	0.5					16										0.5			
		创新创业教育	必修	2							1～4 年级获得 2 学分即可											
		毕业论文	必修	8	14周																8	
		海洋调查实习 I	选修	2					2 周							2						选修 2
		气象台站实习	选修	2					3 周										2			

就南京信息工程大学而言，由于大气科学学科是该校传统优势学科，大气科学专业和气候学专业是学校发展历史最悠久的专业，所以在大气科学人才培养上遵循“科学与人文结合，成人与成才并重”的人才培养理念，强调理论与实际紧密结合。学校特别设立了“大气科学学科特区”，在政策和经费上对这一优势学科予以倾斜。比较敏锐地把握大气科学人才培养的变化，积极开展人才培养模式的改革；以“研究型、国际化、强实践”和体现“学生主体性”为导向，依托气象学国家级重点学科，以“三双制”为主要措施，着力建设具有国际视野的教师队伍；以教学内容改革为主线，建立模块化课程体系和复合型人才培养模式；以高层次实践平台建设为抓手，强化专业实践教学；在原有“重基础、强实践，培养大气科学应用型人才”的基础上，大力推进人才培养的改革与创新；加快国际化步伐，施行分层次、分类型培养。

就中国海洋大学而言，由于该校大气专业始终与物理海洋专业并存，这种大气与海洋长期相互交融形成了该校大气科学人才培养的专业特色，其培养目标是掌握大气科学基本理论、知识和技能，能够胜任气象学、应用气象学、气候学、大气物理、大气环境和大气探测，特别是与海洋相关的上述领域业务、科研和教学工作的专门人才，而且非常重视学生的实践教学，具有明显的“突出特色、强化实践”的特征。

总之，这三个案例各有特点，为本书提供了丰富的经验借鉴。随着全球气候变化和气象科技快速发展，气象服务需求快速变化，大气科学面临着新的研究对象和实际科技服务问题。无论是从事气象科研还是气象业务，都须有国际化视野和全球观，都须掌握最新信息科学技术手段和方法，综合运用多学科知识，不断创新，才能解决气象科技问题以满足气象服务需求。从三个个案来看，尽管其人才培养各有特点和侧重，但是由于大气科学是理论性和实践性都很强的学科，目前大气科学人才培养已经不能很好地快速适应这种变化。因此，必须总结问题，剖析原因，更新理念，借鉴经验，以生为本，服务气象，通过人才培养活动的适应性改革，提升培养质量和水平，使人才培养与气象科技和业务服务需求紧密契合。

第六章　当前我国高校气象本科人才培养的问题与原因

通过前述各章对于我国高校气象本科人才培养的历史、外部环境及现状的阐述，以及与国外高校气象人才培养状况的比较，当前我国高校气象本科人才培养活动中所存在的主要问题也逐渐浮出水面。本章拟从人才培养的目标、过程、制度、评价四要素入手，对这些问题做一深度剖析，并在此基础上不揣浅陋，从宏观（国家层面）和微观（高校层面）两个层面继续对其生成原因做一探询。

第一节　当前我国高校气象本科人才培养的主要问题

如前所述，人才培养活动是一项极其复杂的系统过程，涉及诸多要素，这些要素是紧密相连、环环相扣的，任何一个要素缺失，或者出现问题，都会对人才培养产生不利的影响，因此，在探讨和分析当前我国高校气象本科人才培养问题时，有必要从各要素入手，全面梳理，深入剖析。

一、培养目标

培养目标是高校人才培养活动中最具核心性的要素，也是决定性因素，培养制度、培养过程和培养评价则直接作用于培养目标，为实现目标服务。一般而言，培养目标具有三大功能，即定向、调控和评价。定向功能能够对教育发展方向和人的发展方向发挥制约作用；调控功能能够对教育活动发挥支配、调节和控制作用；而评价功能是指培养目标可以作为最基本的价值标准去评估、检验教育质量，同时，人们可以利用培养目标对教育思想观念和实践活动进行价值判断。[80]

人才培养的目标是属于历史范畴的，具有鲜明的时代性，即一定历史时期的人才培养目标由当时生产力水平决定，并受当时主流意识形态等上层建筑的影响。并且，它还受到教育机构的层次（及由其所决定的教育教学资源）、拟培养的人才类型、人才将要服务的行业和区域范围、人才将来的就业领域和岗位层次等因素的影响。就具体内容而言，人才培养目标一般包含合格人才所应具备的基本能力及素质特征、培养方向、培养规格、业务培养等要求。

因此，不同历史时期，不同区域，不同行业，乃至不同高校所确定的人才培养目标理应是不同的。具体到气象领域的人才培养，原始社会、奴隶社会、封建社会、资本主义社会及社会主义社会的培养目标是有巨大差异的；发达国家（地区）与欠发达国家（地区）的气象人才培养目标是不同的；综合性大学和行业特色高校的气象人才培养目标也是有所区别的。

原始社会虽没有专门的气象人才及其培养工作，但对于气象的观察以及知识的积累和传播是有着明确的目的性的，即观云识天，提高人类抵御自然灾害的能力，维持生存。因此，原始社会的气象人才培养（确切的说是气象知识的传播）的主要目标是社会性，即服务于以氏族、部落为表现形式的整个人类社会。

到了奴隶社会和封建社会，气象专业人才的培养，除了发展生产、保障生活的需要外，还具有宣扬统治阶级主流意识形态、维护阶级统治的目的，产生了如君权神授、天命论等观点。正如董仲舒在《举贤良对策》中所言："古之王者明于此，是故南面而治天下，莫不以教化为大务。立太学以教于国，设庠序以化于邑，渐民以仁，摩民以谊，节民以礼，故其刑罚甚轻而禁不犯者，教化行而习俗美也。"可见，"教化"是中国古代社会人才培养的最根本、最核心的目标，自然也是确定气象人才培养目标的依规，这凸显了此阶段气象人才培养阶级性的目标特征。

到了资本主义社会，随着生产力的高度发展，科学获得进步，宗教与世俗社会走向分离，气象人才的培养不再直接服务于意识形态，而是重新回归生产和生活实际。正如中国近代气象事业的奠基人——竺可桢所说：气象事业的发展，其"实用之大要有五"，概而言之，即"一方面足以利用厚生，一方面亦足以研究学术"。[81]

中华人民共和国成立以后，气象事业服务国计民生的目的十分明确。例如1954年召开的全国气象工作会议就明确规定"一五"期间气象工作的方针是：必须为国防现代化、国家工业化、交通运输业及农业生产、渔业生产等服务，有计划有步骤地满足各方面对气象工作日益增长的要求，以防止或减轻人民生命财产和国家资财的损失。此后各个历史时期的气象人才培养目标都是随着当时的国民经济和社会发展的需要而不断调整的。

同时，人才培养的利益主体是多元的。因此，人才培养的目标也是多维度的，概言之有宏观和微观之分。宏观的培养目标较为抽象，是国家和社会对于人才培养的总体和一般要求。微观的培养目标则较为具体，是培养主体（教育培训机构、企事业单位、学生家长）对培养客体（受教育者，即学生）行使培养和教育活动的整个过程，从而使培养客体在知识、能力和素质结构上达到所期望的基本要求和规格标准，也就是针对培养个体的具体要求。利益主体的多元化，不可避免地会导致人才培养目标陷入主体利益的冲突与矛盾之中，具体表现为专才和通才的纷争。

专才教育是以培养能够从事某种职业或进行某个领域研究的人才为基本目标的教育活动或教育模式，通过这种教育模式培养的人才通常应具备某一学科的基本理论、基本知识和基本技能。专才教育力求使受教育者能够具备社会某一行业、职业的基本理论、知识和技能，从而适应这一行业、职业的工作需要，而不是追求受教育者知识、能力和素质的全面发展。

通才教育是一种追求受教育者个性得到较全面发展的人才教育理念或教育模式，通过这一教育模式，受教育者一般应具有自然科学、社会科学与人文科学综合的基础理论、知识和技能。通才教育力图使受教育者心智和潜能得到开发，使其具备健全的少、格和比较合理的知识结构，在不断发展变化的社会中安身立命，而不是使受教育者掌握多少专业知识或专业技能。[80, 82]

就气象人才培养而言，它显然应是一种专才教育，应以培养具有大气科学学科基本理论、知识和技能，能够从事气象行业或进行大气科学学科领域研究的人才为基本目标。但这种专才培养，应有别于 20 世纪 50 年代以后中国实行的专才教育。

20 世纪 50 年代以后，中国为适应计划经济的需要，通过借鉴苏联经验，大力推行专才教育。到 1957 年，中国有高等学校 229 所，其中，单科性专门学校达到 211 所，占当时全国高校总数的 92%[83]。与此同时，改系科设专业，“高等学校据此制定培养目标、教学计划，进行招生、教学、毕业生分配等项工作，为国家培养、输送所需的各种专门人才，学生亦按此进行学习，形成自己在某一专门领域的专业，为未来职业活动做准备。”[84]

应该说，这种专才教育培养模式是适应计划经济发展的实际需要的，在当时特定的历史条件下发挥了应有的作用。仅以气象专门人才为例，前文已述，1949 年中华人民共和国成立时，全国从事气象业务的只有八百人“可资调用”[54]，而高等气象专门人才不足百人。经过十余年的气象人才培养，至 20 世纪 60 年代，全国已经培养了上万人的初级气象技术人员，近五千人的中等气象专业人员，以及千余人的高等气象专业人才，有力地促进了新中国气象事业的发展。

但计划经济体制下的专才培养，有一个很明显的特点，即通过这种模式培养出来的专业人才知识面狭窄、技能单一，虽然“能够在所学习过的范围内有效地工作，但缺乏灵活地调整职业前途和继续发展的潜力，相应地，个性的发展也往往不太和谐和全面”[80]。因此，到了“双向选择”“自由流动”的市场经济条件下，其弊端显现无遗。

那么当前的气象本科人才培养是否体现了人才培养目标的时代性特征，并且符合人才培养多元利益主体的诉求了呢?

在前一章中，通过个案分析，我们对于我国高校本科人才的培养目标已经有了一个基本的了解。可以看出，我国高校制定的气象本科人才培养目标是有差别的，这种差别主要体现在学科方面。如中国海洋大学以海洋学为特色，其培养目标中就明确规定着手培养海洋气象类人才。北京大学作为国内一流的综合性研究型大学，其培养的气象本科人才跨学科和学术性的特点则较为明显。南京信息工程大学作为原气象行业所属高校，其所制定的培养目标则在大气科学学科内充分体现了学科覆盖的宽泛性。

也就是说，高校人才培养目标在一定程度上体现了气象行业和大气学科跨领域、跨学科以服务社会、满足国家需求的时代要求。但是，这种跨学科在方向的选择上出现了偏差。如前文所述，气象事业已经摆脱了传统的天气预报的模式，而开始与工学、环境科学、管理学、经济学等学科发生交叉，气象信息处理、气象仪器设备制造、公共气象等新兴交叉学科和行业领域正呈现快速发展的趋势，而高校制定的气象人才培养目标仍抱残守缺，以传统的大气科学及其相关的数理化为学科基础，未能融入新兴的跨学科的知识，从而严重背离学科和行业发展的方向，从而不可避免地导致在人才培养类型方面的学术化倾向。虽然绝大多数高校在制定本科人才培养目标时，都强调了其目标定位是应用型或复合型，能够适应多种部门、多种类型岗位的需求，但实际上，因这些类型的人才缺乏应用性学科及其他相关学科广博的知识基础，它只能是空洞的。从本质上来讲，按照这种培养目标培养出来的人才，知识结构依旧单一，并且仍是一种学术型人才，因为其不具备应用性的学科知识背景和思维方法。

综上所述，我国高校虽然觉察到了气象行业和大气学科的发展趋势，并在本科人才培养目标上有所反映，但是这种目标定位与行业和学科发展的具体方向契合度并不高。这也是气象本科人才的主要需求方——气象行业部门总是抱怨高校培养的气象本科人才不能直接适应岗位需求的基本原因。另外，高校人才培养目标仅仅在学科方面体现出差异性，在人才的培养类型和未来的服务面向方面并没有表现出太多的不同（至少有关培养目标的文字描述没有体现出这方面的差异），换言之，不同高校气象本科人才培养目标的定位存在着严重的趋同现象。

二、培养过程

气象本科人才培养过程是为实现高校气象本科人才培养目标，根据相关的制度规定，运用教材、实验实践设施等，按照一定的方式从事教学活动的过程。这一过程包括了专业设置、课程体系、培养途径等。

（一）专业设置

据有关学者考证，我国高等教育中的“专业”一词，是在完全借鉴苏联教育经验的基础上，于1952年下半年，即中华人民共和国成立后第一次院系调整时期出现的。在新中国成立初期，承袭了旧有的教育制度，在院系设置上，社会科学有文、法、商等学院，下设文、史、哲、经、法、政、外文、社会、会计、统计、银行、保险等系；艺术院校则设有美术、音乐、戏剧等系。1952年，我国学习苏联经验，进行院系调整，开设专业。而所谓的专业，则是依据国家所需某类专门人才的标准以培养专家的基础教学组织，各专业设有适合其培养该类专门人才的教学计划，而教学计划中则列出培养该类专门人才所需的课程，几个相近的专业可以组成一个系。[85]

专业是一个动态的概念，其内涵和种类因时空的差异而有所不同，这是由特定历史时期和特定社会政治经济因素决定的。但就高等教育发展的总体情况来看，专业一般根据其“口径”不同，有大专业模式和小专业模式之分。所谓大专业模式，其专业口径较大，专业覆盖面较广，与多种性质相近的职业相对应，因此，在这种专业模式下培养出来的学生，其职业适应性较强。与大专业模式相对应的教育行政组织一般为（院）系。所谓小专业模式，其专业口径较小，专业覆盖面也较窄，但其职业针对性极强。通过这种专业模式能够在短时间内迅速培养出行业急需的人才。新中国成立之后采用的就是这种小专业模式。

自1954年颁布实施《高等学校专业分类设置》之后，中国教育主管部门先后于1963年、1988年、1993年、1998年和2012年对专业目录进行五次调整，目录内专业数分别为257、432、702、504、249。1953年实际专业数为215种，1957年为328种，1958年为363种，1962年达到654种。1978年后经整理登记的专业为819种，1980年达到了创纪录的1039种。此后，高校实际设置专业数逐渐呈下降趋势，1990年为841种，1998年为779种，2001年为473种。[86]

很明显，我国专业设置数经历了一个由增至减，即由大专业模式至小专业模式再至大专业模式的演变，这与我国的经济体制由计划经济体制至市场经济体制的脉络是相一致的。

那么大气科学的专业设置是不是也体现了这一特点呢？在1993年颁布的《普通高等学校本科专业目录》中，设有大气科学类一级类，其下设有气象学、气候学、大气物理学与大气环境、农业气象4个专业。在1998年颁布的《普通高等学校本科专业目录》中，仍设有大气科学类一级类，但其下的专业则减至大气科学和应用气象学两个专业。

从国家的大气科学本科专业目录设置情况来看，是体现了大专业模式的发展趋势的。而在我国的高等教育体制中，高校本科的招生与培养过程都必须按照国家下发的本科专业目录进行，因此，我国高校的大气科学人才培养的专业设置也只能是目录内规定的大气科学专业与应用气象学专业。

当然，随着高校办学自主权的相对扩大，政府逐步允许高校自行设置国家目录外专业，以适应市场的需求，但这些专业必须报教育主管部门备案。如前文提及的南京信息工程大学的雷电防护科学与技术、遥感科学与技术等即是此类专业。不过，就笔者所知，这种自主权并未被大部分高校充分利用，在专业设置方面也没有在大专业模式下体现多方向的特点。这主要是受限于高校师资队伍的规模，而师资队伍的规模则受限于高校的办学条件，办学条件则取决于高等教育的投入机制和投入力度。

需要指出的是，气象本科人才培养主要是围绕气象行业人才需求状况开展的。而气象行业业务和大气科学学科都呈现出精细化的发展趋势，需要高校培养出专业性很强的业务人才。因此，在宽口径的同时，就必须实现多方向，实现广博与专精的有效结合。这有必要加大气象专业人才培养的资源投入力度。

（二）课程体系

正如食物是能量的载体一样，课程就是知识的载体。因此，从某种意义上讲，课程体系是否合理、完备，直接决定着受教育者能否获得充分的知识养料，得到健康的成长。

前文已述，课程体系是按一定的程序组织起来的教学内容及其进程的总和。因此，课程越多，获取知识的范围就越大，学生选择课程的自由度就越高，其获得的营养就越为丰富，自然就越有利于其成长。反之，课程数越少，学生的选择面就越窄，学生获得的知识丰富度就会减少。而且，由于课程数量少，学生在选择课程时的重叠度就会提高，从而增加了学生所具备的知识结构的重叠性，也就难以体现个体差异，这势必增加其将来进入人才市场谋求就业机会的难度。①

① 有资料显示，美国的大多数高等学校已经几乎达到了生均一门(次)课程。日本大学开设的本科课程数量也很可观，如拥有万名本科生的日本广岛大学，开设的本科课程有6000门。国内的北京大学和清华大学在2002年时开设的课程也达到了3000门左右。参见：谢仁业. 上海高校学科专业结构调整研究报告；丁钢. 中国教育：研究与评论. 北京：教育科学出版社，2002: 102。

除了课程数量外，课程质量也是保证人才培养质量的重要因素。课程质量一般来讲，首先体现在课程结构方面。“高校课程结构是指高校为实现人才培养目标所构建的课程体系。各高校因所秉持的教育理念、人才培养目标和课程观不同，在课程设置上各有取舍，课程结构也各不相同。”[87]可以说，有什么样的课程结构就会培养出什么样的人才。是基础宽厚的通才，还是专业能力突出的专才；是学术型人才，还是应用型人才，这在一定程度上皆取决于课程体系的结构。

高等学校的课程按照其所覆盖的学生的范围和对专业目标的作用分为公共课、公共基础课、基础课、专业基础课、专业课；按照课程修读的性质分为必修课和选修课；选修课中又按照课程开设所面对的学生群体，分为专业选修课和公共选修课。不同类型的课程相互组合，就形成了课程体系的有机结构。

在高等教育发展的历程中，基本上形成了两类课程结构，一类是以培养专才为目标的“塔形结构”，专业课程数量增多，公共课数量相对减少。在苏联的培养模式中，本专业开设的课程全部为学生的必修课，这是塔形结构的极端代表。另一类是以培养通才为目标的“扁平结构”，专业课数量相对减少，而公共课的比例相应增加。

分析前文列举的北京大学、南京信息工程大学、中国海洋大学的课程体系可以发现，这些高校的大气科学专业课程体系中专业课与公共课的学分比例约为1∶2，这是非常典型的以适应通才培养要求的扁平结构的课程体系。显然，这是在市场经济条件下为扩大学生知识结构以增强其职业适应面而有意为之的一种课程体系。这种相对广博的知识结构原本应增强学生的行业适应性，但从实践来看，却未能遂人愿。探其原因，笔者认为主要是课程体系虽合理，但课程内容却背离了气象行业的发展需求。因为高校开设的课程主要是依据其师资队伍和教学条件而不是行业需求来制定的，这就导致学生从课堂上获得的知识，是教师能够教授的，却并非行业需要其掌握的。换言之，学生掌握的知识对于行业需求而言，其有用性严重不足。人们常常挂在嘴边的学生知识结构单一，也并不真是学生知识结构单一，而是学生获得的对于行业发展有价值的，有助于其适应岗位需求的知识单一，知识面狭窄。

（三）培养途径

培养途径实质上就是人才培养的方式，即是指通过课程教学、科学研究，还是通过社会实践，抑或是通过“产学研”结合的方式培养。通过不同途径培养出来的人才，其类型是千差万别的。如通过课程教学方式培养的学生，其知识结构相对完整。通过科学研究方式培养的人才，其科研能力相对突出。而通过实践方式培养的学生，其动手能力自然要高出前两者一筹。

就气象本科人才培养而言，通过前文对北京大学等高校个案的分析以及笔者的调研和观察，可以发现，教师讲授、学生记笔记仍是主要的教学方式，其间偶有课堂讨论或教学演示。这种灌输式教学方式的弊端不论是学界还是教育管理界都有过深入的讨论，如重知识积累，轻能力培养；重照本宣科，轻启发创新；重逻辑推理，轻发散思维。对此本书不再赘述，只着重强调一点，即高校当前这种气象本科人才培养途径，重知识传授，而轻能力培养，其结果是培养的人才适应岗位的能力不足。从中国气象部门的人才需求情况来看，进入气象行业的本科人才，其岗位类型主要是业务领域，也就是说，这些本科人才将主要凭借其在学校通过实践获取的动手能力来适应岗位的工作要求，知识在这种情况下主要起到理论指导的作用。概而言之，当前我国高校气象本科人才的培养途径是与气象部门对于人才的要求并不匹配。

三、培养制度

高校的人才培养涉及国家、社会、家庭、个人等诸多利益主体，包含人、财、物、信息、时间、空间等各类要素，这些主体和要素交织在人才培养的复杂系统中并相互作用，对人才培养的结果产生影响。为了确保人才培养取得良好的结果，就有必要通过某种方式协调上述各主体和要素的关系，使其彼此协调，从而保证人才培养的有序和稳定，而这种方式就是教育管理制度。正如新制度经济学的代表人物诺斯所说："制度是一系列被制定出来的规则、守法程序和行为的道德伦理规范，它旨在约束追求主体福利或效用最大化利益的个人行为。"[88]

与人才培养相关的制度有广义和狭义之分，"广义的人才培养制度实际上包括了从招生到就业，从校园文化到学生生活等有关人才成长的方方面面的制度、规则。狭义的人才培养制度主要指与高校教育、教学过程和活动相关的制度、规则。"[89]

本书取狭义的人才培养制度概念，"包括基本制度、组合制度和日常教学管理制度三大类"。基本制度有学年制和学分制之分。学年制是一种高度结构化的人才培养制度，其课程有严密的层次划分及实施顺序，课程修习以学时、学年为计算单位；学分制则有较强的弹性，它是以选修制为前提，以学习量为计算单位的，在其基础上又衍生出学年学分制、计划学分制、全面加权学分制等。组合制度原为权宜性的计划外安排，其本意在于为那些学有余力的学生提供更为充分的学习课程。久而久之，随着人才培养目标的多样化，逐渐发展成为一种固定的人才培养制度，如双学位制度、主辅修制度等皆属此类。日常教学管理制度是为了维护正常的教学秩序，保证教学过程正常运转而制定的制度体系，如教考分离制度、补考制度和各种奖惩制度。[90]

（一）基本制度

人才培养的基本制度包括学分制和学年制两大类。学分制又称学分积累制，是以学分作为计算学生学习量基本单位的一种教学管理制度。学生通过选读若干课程，达到规定的最低学分，并完成相应的其他要求，就可取得对应的学位。学年制又称为学年学时制，是高等学校以修满规定的学习时数和学年、考试合格为毕业标准的一种教学管理制度。学校以（院）系为单位，按专业制定教学计划，对学生的修业年限、课程内容、学时数进行统一安排。学生则统一入学，统一教学，学习统一的内容，在修业期内完成规定的课程则统一毕业，授予学位。此外，还有一种糅合学年制与学分制特点的制度——学年学分制，这是一种既规定了修业年限，同时又提出了学分要求的教学管理制度。这种制度将所有课程分为必修课、选修课和实践课，按学时计算学分，规定在修业年限内必须修满一定的学分方可毕业获得学位。[91]

就气象本科人才培养而言，通过前文个案分析，可以发现目前绝大多数高校采用的正是学年学分制。学年学分制有两大特点：一是计划性，这是沿袭了学年制的传统。在教学计划中把学校认为学生应当掌握的学科知识列为必修课程，要求学生必须学习，这是刚性的要求。二是灵活性，即开设了一定数量的选修课程，供学生自主选择是否学习。

学界一般认为学年学分制综合了学年制与学分制的特点，具有积极意义。但从实践效果上来看，学年学分制仍保留学年制的年限要求，每学年的必修课程比较固定，对学生每学期应修的学分也有明确的要求，根据学年学分制要求制定的教学计划的弹性非常小，学生几乎没有提前修完学分的可能。课程体系方面虽设置有选修课，但选修课数量较少，学生选课的空间很有限。可以这么说，学年学分制只是在一定程度上借鉴了学分制的某些经验，并在形式上用学分作为衡量学生是否能够毕业的标准，但其实质仍是一种学年制。

（二）组合制度

如前文所述，人才培养中的组合制度原是一种制度外的权宜安排，本意在于为学有余力的学生提供更加丰富的学习课程。但随着时间的推移，这些制度外的创新逐渐被固化，成为一种人才培养制度，如双学位制度、主辅修制度等。所谓双学位制度就是在本科学习阶段，在学习本专业课程的同时，学习另一专业的学位课程，并达到其学位授予要求获得其学位的学位授予制度。主辅修制度在学习本专业课程的同时，学习另一专业开设的辅修课程。辅修专业的设置主要是对主专业的补充，并不以取得学位为目的。换言之，主辅修制度的推行更加注重学生学业知识的拓展。

应该指出，随着科学技术的迅猛发展，各学科间相互渗透相互融会，学科边界已不再那么清晰，新兴的边缘学科、行业领域层出不穷。如前文一再提到的大气科学与工学、管理学、经济学的交叉融合就反映了这一趋势。这就要求从业人员在掌握本专业领域知识的同时，还能够掌握相关或相近专业的知识和能力。因此，双学位制度和主辅修制度是有其潜在的实践价值的。但在气象本科人才培养的实践过程中，无论是双学位制度，还是主辅修制度均未能得到有效推广。

（三）管理制度

大学教学管理有广义、狭义之分。广义大学教学管理包括宏观和微观两个层次，宏观层次的大学教学管理即指教育行政机关对各级各类学校和其他教育机构教学的组织、管理与指导。狭义的大学教学管理则仅指微观层面的教学管理，也就是大学教学管理者按照大学教学和管理活动的基本规律，对教学活动进行规划、实施、协调、监督与评价，使其达到既定目标的活动或过程[92]。本书取大学教学管理的狭义概念，即主要研究大学内部教学管理中的各种正式规章制度，在形式上表现为大学教育行政管理部门的领导体制以及制定的规章制度。

当前的高校日常教学管理制度（这当然也涉及对气象本科人才培养的管理）存在的主要问题是仍然保留了相当程度的计划管理时代的印记。例如关于转专业，《南京大学全日制本科生转专业细则》明确规定：

第二条　学校对转专业的年级和学生人数实行宏观控制，原则上允许一、二年级的学生转专业，一年级转专业学生人数控制在全年级总人数的10%以内；二年级控制在5%以内。各院（系）、各专业按照一、二年级招生人数的10%和5%的名额接纳外院（系）学生申请转专业。对于毕业生就业率低和教学条件不足的专业，将适当控制转专业人数。

第三条　凡提出申请转专业的学生，应具备下列条件：

（1）思想品质优良，身体条件符合拟转专业要求；

（2）学习成绩良好以上；

（3）对所转专业有一定的特长和志向。

第四条　有下列情况者，不得申请转专业：

（1）在校期间受到警告（含警告）以上处分者；

（2）有一门（含一门）以上通修课、学科核心课不及格者；

（3）专科升入本科者。

限制转专业人数，并对转专业学生的学业、品质提出要求，对于维护学校教学秩序的稳定，避免混乱当然有积极作用，但它的另一个直接后果就是剥夺了学生自主选择专业的权利，其结果是遏制了学生学习的兴趣和热情。就气象本科人才培养而言，对于转专业的限制，自然使一批对大气科学专业感兴趣的学生被拒之门外，而另有一批被录入大气科学专业却缺乏专业热情的学生将不得不接受专业知识的熏陶，并在将来很有可能走上气象行业的各种岗位。显然，这种僵化的教学管理制度是不利于培养具有行业热情的人才的。

四、培养评价

培养评价是根据特定标准对人才培养的质量和效益作出衡量与判断的方式。它是人才培养四要素中的调控性因素。教育实践中，考试考查制度、学位授予制度等都是常见的评价方式。

就气象本科人才培养而言，对于人才培养质量的考试考查方式仍是试卷测试为主，极少数课程会把实验实践成绩按一定比例纳入总成绩之中。而学位授予与否，一是取决于通过课程教学获得的学分是否达到要求，二是毕业论文是否合格。换言之，这种评价方式，仍是以考查学生的知识结构为主，而非学生的能力素质。在这种调控机制下，气象本科人才培养的重知识轻能力的培养倾向自然难以扭转。

总之，当前我国高校气象本科人才培养的质量问题主要是知识结构单一、动手能力不强等，其根源在于高校在人才培养的目标定位、过程实施、制度保障和评价调控等要素环节均出现缺失和偏差，均与行业需求不相符合，以致生产的“产品”与客户预期的“商品”标准不一致。而高校在人才培养活动中出现这种问题的原因，则又有必要在经济社会和高等教育发展的大背景下予以探析。

第二节　当前我国高校气象本科人才培养的原因探析

在本章第一节当中，笔者对我国高校气象本科人才培养活动中存在的主要问题做了一个粗浅的分析。本节将缘承上节所揭示的问题，继续探讨其产生的原因。笔者认为，当前我国高校气象本科人才培养活动中出现的前述问题，其根本原因是高等教育市场化进程中，高等教育管理机制、高等教育投入机制和高等教育评价机制等调节机制不完善。①

一、高等教育准公共产品的特性

20世纪50年代，美国著名经济学家保罗·A. 萨缪尔森（Paul A. Samuelson，1915～2009年）在其《公共支出的纯理论》（*The Pure Theory of Public Expenditure*）一书中首次把社会产品区分为私人消费产品（private consumption goods）与公共消费产品（collective consumption goods）[93]，并指出，公共消费产品具备两个基本特征：一是消费的非竞争性（non-rivalry in consumption）。对一般的私人产品来说，如果某人消费了这一产品，那么，其他人就无法再消费。而公共产品则不同于私人产品，因为公共产品一旦提供出来，许多人可以同时消费，而且增加新的消费者并不会减少对其他消费者的供给量（即边际成本为零）。二是消费的非排他性（non-exclusion consumption）。对于私人产品来说，购买者支付了费用就取得了该产品的所有权，从而排斥他人对该产品的消费，这就是排他性（exclusivity）。公共产品则与此不同，因为无论人们是否为该产品支付费用，都能消费这一产品。[94]

有学者据此认为高等教育按其性质划分当属准公共产品，原因有二：其一是高等教育在消费上具有排他性，不是同龄人皆可接受的教育。在教育机会有限的条件下，一个人享受了教育，就排除了另一个人的受教育机会；其二是高等教育具有外部或社会效益，一个人接受了教育，其他人乃至全社会皆可从中受益。并进一步指出，高等教育作为准公共产品，应主要由政府提供，其方式有三：一是政府举办教育机构并通过财政拨款向其提供费用；二是由私人或社会机构举办教育机构，政府适当资助；三是同受教育者收取一定数量的学费。同时强调市场对于高等教育资源的配置作用，主要不是通过学费这一“教育价格”杠杆来调节的，而是在很大程度上通过招生规模、层次和专业结构及调整，乃至课程等，要考虑未来劳动力市场和社会发展的需求，因为高等教育的出口就是劳动力市场，学生毕业后将通过劳动力市场来实现就业[95]。对于高等教育是准公共产品的理论观点，虽有部分学者持异议，但学界一般持肯定态度，本书亦持此观点。

---

① 一般认为，市场经济条件下的高等教育调节机制是由政府调节机制、市场调节机制、社会调节机制和高校自身调节机制四个部分组成的“复合”机制，四种机制相互依存、相互制约、相互促进，从整体上推动高等教育事业的发展。参见：杨明. 论高等教育中的市场失灵及其矫正. 浙江大学学报(人文社会科学版)，2004，34(4): 5-13。就本书所讨论的高校气象本科人才培养问题而言，主要发挥作用的是政府调节机制和市场调节机制。

二、高等教育市场化进程

当一个社会的基本经济制度发生改变时，与之相关的社会资源的配置也将面临重新选择。进入市场经济时代，市场就在社会资源配置中发挥基础性作用。而运用市场的概念、原则和方法管理高等教育事业，从而使高等教育更加有效地满足市场需要的过程即称之为高等教育市场化。

高等教育市场化主要有三种表现形式：一是通过增加个人、家庭和其他社会机构在高等教育领域的投入比例，而减少公共经费的支出；二是加强大学与企事业机构等“消费者”的合作，使高等教育能够更好地满足市场的需求；三是积极发展民办高等教育。[96]

20 世纪 60 年代以后，西方主要发达国家进入高等教育大众化阶段。大学规模的扩张远远超出政府财力的限度。而恰在此时（20 世纪 70 年代中期），这些国家又出现了新一轮的经济萧条，使得政府更加无力承担高等教育的支出。在这一背景下，各国高等教育纷纷实行收费以弥补教育经费的不足。同时，受经济理性主义、社会福利主义和新公共管理等理论的影响，各国遵循后福特主义的经济法则，在高等教育领域实施改革。主要内容包括：中央政府放权，并缩减高等教育经费，控制支出，平衡预算；学校自由竞争；家长学生自主择校；市场逐步在高等教育领域发挥资源配置作用，从而开启了西方高等教育市场化的进程。在英国，撒切尔夫人甫一上台，便削减了 1 亿英镑的大学预算。此后，1980～1984 年，大学预算又被政府减少了 17%。同时，政府把制定预算的权力下放给高校，鼓励其自行寻找赞助者。大学则被迫通过社会渠道等方式来筹措经费，弥补政府削减资助所带来的缺口。自 20 世纪 80 年代以后，英国政府先后公布了《高等教育：迎接挑战》白皮书（1987 年）、《高等教育：一个新架构》白皮书（1991 年）、《狄林报告书》（1997 年）、《高等教育的未来》白皮书（2003 年），颁布了《1988 年教育改革法》、《扩充及高等教育法》（1992 年）、《教学与高等教育法》（1998 年）、《迈向 2006 年策略》（2002 年）等教育法规和文件，以规范和推进本国高等教育市场化的进程。

与此同时，美国也与英国不谋而合地推行起“小政府与大市场”的管理方式，在重视市场机能的同时，大幅削减高等教育经费，并再度放松对高等教育的控制，而由高校担负起高等教育的绩效和自筹经费的责任。此外，美国联邦教育部于 1981 年成立国家卓越教育委员会，又在 1983 年发表了《国家在危机中》报告书。而美国国会也相继出台了如《史蒂文森-瓦德勒法》（1980 年）、《国家合作研究法》

（1984 年）、《联邦技术转移法》（1986 年）、《迈向公元 2000 年美国的教育策略》（1991 年）、《2000 年目标：美国教育法》（1994 年）、《平衡预算法》和《减轻纳税人负担法》（1997 年）等一系列高等教育法案，以促进高等教育市场化的进程。[97]

中国的高等教育市场化进程略晚于西方发达国家。1985 年，中共中央颁布《关于教育体制改革的决定》，重点提出改革高等教育中由国家“统包统分”的招生分配制度，在增加计划外招生名额的同时，加大毕业分配制度上的双向选择力度。这一《决定》及其中相关政策被视为我国高等教育市场化的开端。[98]

1984～1992 年，我国高校的数量增长了 16.7%。政府为高校提供了主要的资金来源。同时，为了补充经费并减少政府的财政负担，从 1989 年起，高校开始被允许对学生收取学费，这标志着我国的高等教育向市场化模式迈出了关键性的一步。[99]

1992 年 10 月，中共十四大决定建设社会主义市场经济，同时也确立了相应的教育改革理论框架。此后，我国再一次启动高校重组，并开始试点高校管理体制划转，把一些高校从中央划转至地方管理。1993 年 2 月，中共中央发布《中国教育改革和发展纲要》，提出要对高等教育进行重组，其核心就是权力下放，并加强政府宏观层面的管理。同时，进一步扩大高校的办学自主权。

1997 年，在政府主导下，我国开始推行高校毕业生双向择业，从而宣告自 20 世纪 50 年代以来实施的统一分配政策结束其历史使命。[99]

1998 年，全国高等教育管理体制改革经验交流会在扬州召开，李岚清同志在会上进一步强调加快高等教育管理体制改革，推动高校重组工作。至 2003 年，全国有 788 所高等学校合并组建成 318 所，有 19 个部委、31 个省（直辖市）政府主管部门共同参与了院校合并调整。[100]

通过高等教育市场化，省级地方政府在高等教育管理层面有了更大的灵活性和独立性，高校的办学自主权也相对扩大，而国家教育主管部门也开始向高等教育宏观调控者的角色转变。

三、高等教育市场化发展对高校人才培养的影响

高等教育的市场化发展对于我国本科人才培养工作的影响是深层次的，这主要体现在高等教育管理体制、高等教育投入机制和高等教育评价机制三个方面。

（一）高等教育管理体制

在计划经济时代，我国高等教育的管理体制以集中、计划和行政干预为主要特点。在这种管理体制下，高等教育行政主管部门统包统揽，高校只是作为政府的一个附属机构得以存在，从而严重制约着高校的办学自主性和人才培养活动的积极性。同时，由于当时高校隶属不同的行业部门，因此，虽有统一的教育主管部门，也很难协调整个高等教育系统的发展步骤，从而导致重复建设、千校一面的现象。

此次改革之后，我国高等教育管理体制在两个面上实现重大调整，一是中央政府向地方政府部分让渡高等教育管理权力，原行业部门所属高校除部分划归教育部直属外，绝大部分均划归省级政府主管，从而形成了中央与地方分级管理的基本格局。

就气象行业而言，原气象行业所属本科院校有南京气象学院（现南京信息工程大学）、成都气象学院（现成都信息工程大学）、北京气象学院（现中国气象局培训中心）三所。经调整后，南京信息工程大学划归江苏省人民政府管理，成都信息工程大学划归四川省人民政府管理，北京气象学院转制成为中国气象局直属的行业培训机构，基本不再承担本科人才的学历教育工作。

管理体制划转之后，南京信息工程大学、成都信息工程大学在办学规模和办学效益方面均获得了快速的发展，然而其与气象行业的联系也随之松动。行业对于人才培养的需求信息无法通过有效途径传递给高校，从而影响了高校对于人才需求预测的精确度和可靠性；而高校在隶属关系上也不再对气象行业负有人才培养的职责。此外，气象行业所拥有的可用于气象人才培养的资源也因管理体制的划转而不再顺理成章地可以供高校使用。这一点在高校气象本科人才的实习实训活动中体现得最为明显。在行业管理时代，高校气象本科人才的实习活动都是通过行政命令的方式直接安排在气象部门所属的台站予以完成，学生与业务一线的骨干共同开展业务和科研工作。而划转地方之后，学生赴台站的实习活动必须由高校与相关气象业务部门协商，其效果常常不能尽如人意。这些都导致了高校气象本科人才培养活动与气象行业渐行渐远。

高等教育管理体制在另一面的重大调整是高校办学自主权的扩大。1985～1991 年，高校办学自主权主要体现在学校内部的运行范畴，其产权主体不变，且须在计划经济框架内开展教育活动。1992～1998 年，产权主体开始分化，政府在人、财、物等方面开始有限让渡管理权限，市场也开始进入资源配置环节。1999 年之后，以《高等教育法》的颁布实施为标志，高校内外部资源配置的主体及产权关系大部分得到法律界定。尤其需要着重指出的是该法明确了大学组织的基本性质为独立法人，并且明确了高校学术组织——学术委员会的法律地位，从而使高校与其他市场主体的相互关系有了基本的产权依据，而高校的学术自治也在一定程度上得到了法律的保护。

但是《高等教育法》并没有明确大学的所有权归属，从而使政府（通过教育主管部门）仍然以管理者的身份对高校行使所有者的权利。此外，《高等教育法》也没有对政府在高等教育领域内的管理权限予以界定，致使政府在法律层面上仍然对高校拥有“无限”的行政管理权力。[101]

政府对于高校的这种“无限”的管理权力体现在人才培养的各个要素中。如在专业方面上，高校必须按照本科专业目录进行专业设置，目录外专业设置必须报政府教育管理部门备案，否则不得招生培养。在课程体系设置方面，有相当一部分课程是政府行政命令要求必须开设的刚性课程。这就在很大程度上限制了高校按照行业需求设立培养目标、构建课程体系，开展人才培养活动的空间。

（二）高等教育投入机制

高等教育市场化之后，高等教育的经费投入来源也渐趋多元化，除政府财政拨款外，社会力量投资、高校创收、银行贷款、收缴学费皆成为高校办学经费的来源。

经费筹资市场有效地解决了高等教育大众化带给高校的资源压力，但“大学面对市场化的筹资模式，也就面对了精神价值与经济价值、教育理念与市场理念、公益目标与经营目标之间的选择。”[102]其体现在气象人才培养活动中，就是既要照顾社会（主要通过气象行业予以体现）的需求，又要反映学生（以及与其相关的利益群体）的关切，从而使高校陷于通才（知识结构宽，就业面广）和专才（业务精深，岗位需求针对性强）培养目标定位的两难境地。

（三）高等教育评价机制

高等教育市场化后，大学排名这一社会性的高等教育评价机制随之应运而生。这在一定程度上为社会衡量高校的水平提供了可资参考的标准，也为高校确定办学方向提供了指引依据。然而“我国的大学排名实际上和高等教育市场毫无关系，相反和大学的知识生产紧密相关”。如网大 2005 年中国大学排名榜中，“学术资本”部分就占到 52.1%强，“学术产出”（即学术成果）占 22%，学术声誉占 15%，使得这一体系中反映知识生产的指标占到了 89.1%。[103]还比如，不同的世界大学排名机构使用不同的标准进行排名：一级指标主要涉及教学、师资、科研、声誉、收入和国际化六个维度；五种排行榜（USNews、ARWU、RCCSE、THE、QS）均采用可以验证的客观数据，以国际可比的科研成果和学术表现作为主要指标；科研能力是唯一一个被五种排行榜都纳入的一级指标，它反映了科学研究在全球知识型经济可持续发展中的核心地位；除USNews外，其余四种排行榜均将教学质量纳入了一级指标体系中。①这种评价机制对于人才培养的直接后果就是引导高校继续以知识型的学术人才培养为主要目标，因为它能提高大学的综合排名和社会美誉度，而继续忽视行业急需却无法进入评价体系的应用型人才的培养。

四、高等教育后大众化对本科气象人才培养的影响

根据美国教育家马丁·特罗的划分，高等教育毛入学率超过50%，证明高等教育进入普及化阶段。2015年，中国高等教育毛入学率达到40%②，意味着中国“十三五”期间，高等教育发展处于“后大众化”发展阶段，位于高等教育大众化后期与普及化来临之际的时期。[104]依据这种判断，我国高等教育进入“后大众化”的发展阶段，这样的发展阶段同样对本科气象人才的培养提出很多机遇与挑战。首先，高等教育在走向普及的过程中，自然增加了我国从事气象专业学习、进入气象行业工作的人才储备，为国家气象事业以及气象专业的发展奠定了宽广的人力资源基础。同时，人才培养口径的扩大必然对本科气象人才的培养提出了更高的要求，本科气象教育也因此面临新挑战和新任务。气象知识的承接、积累与创造性发展，气象专业与气象行业创新发展的耦合与融通，气象学科对国家能力提升以及全球性气候治理能力的提升的使命，高校的气象课堂如何面对越来越多元的学生群体，使得当前的气象人才培养改革变得非常迫切。这些问题考验着国家的高级气象人才培养能力，高校的本科气象人才培养方式与模式，高校的文化建设尤其一线教师们的教育教学素养。在越来越复杂的全球发展背景以及气象专业、学科和人才不变的重要作用与使命中，只有当高校管理者和教师首先改变，深化学科研究与服务能力提升的同时，关注学生、研究课堂、站稳讲台，高等教育后大众化时代的气象学科使命才能真正在知识传递与生产的过程中、师生互动的过程中被建构出来，成为一门既有悠久历史沉淀也有丰厚价值内涵的学科，众多高级气象人才在社会发展、国家进步以及全球化过程中也将因这样的学科发展

---

① 邱均平，董西露. 世界大学评价五种排行榜比较研究(上). [2018-06-14]. http://www.sohu.com/a/234616935_100151856。

② 2015 年全国教育事业发展统计公报. [2018-06-14]. http://www.moe.gov.cn/srcsite/A03/s180/moe_633/201607/t20160706_270976.html。

与教育路径而滋生更大的显示度与贡献度。

五、中国气象局对气象高等教育的支持与引导

中国气象局是我国气象高等教育发展的重大支持与引导力量，在制度建设、经费投入、科研平台、文化建设等方面为我国高等气象人才的培养与发展作出了重要贡献。自 2002 年至今，中国气象局已先后与北京大学、北京师范大学、中国科学技术大学、中山大学、成都信息工程大学、兰州大学、南京大学、浙江大学、中国海洋大学、云南大学、香港城市大学、南京信息工程大学、国防科技大学、中国科学院大学、南开大学、同济大学、中国农业大学这 17 所高校签订了全面合作协议；与教育部、江苏省政府三方共建南京信息工程大学；与四川省政府共同支持成都信息工程大学的建设。通过“局校合作”，中国气象局与各相关院校在气象科研合作、业务系统开发、高素质人才培养、共建实验实习平台、改善高校基础教学和科研设施、数据共享等方面开展了多层次的合作，有效地支撑了现代气象业务体系建设。在这个过程中，中国气象局对高校的教学平台建设从多个方面给予支持。例如，通过设立局校合作基本建设专项，中国气象局有针对性地与高校共建大气科学学科教学实习基地，极大改善了教学基础设施，提高了办学条件。2004～2012 年，中国气象局共支持合作院校基本建设项目 44 项，总经费达 2666 万元，包括：天气预报会商系统建设、校园气象观测站建设、大气探测综合实验基地建设、购置气象探测仪器、建立学生实验实习基地、气象教材建设和气象数据共享等方面。与此同时，通过项目立项、基础条件支持等方式，中国气象局对诸多高校的气象类实验室平台建设给予了较大的支持，据不完全统计，近几年中国气象局系统联合各相关高校共建设了 11 个各类实验室，其中包括 2 个部门重点实验室、2 个省级（上海、重庆）重点实验室和 7 个一般实验室。实验室平台的建设必然为本科气象人才的培养提供足够的科研积累与实践供给。与此同时，局校深度合作助力气象高级人才培养的模式也必然为我国其他行业高等教育的发展提供观察样本，有助于行业高等教育之间的融通与整体发展，对于培养有多种教育积累、宽口径、厚基础的行业本科人才将会产生重要的制度构建意义。

第七章　我国高校气象本科人才培养的改革策略

随着世界多极化、经济全球化和科学技术的迅猛发展，气象事业的发展面临着新的形势、新的机遇和新的挑战。本章主要从宏观和微观两个方面探讨高等教育市场化条件下，我国高校气象本科人才培养改革的具体路径，并最终落脚在高校气象本科人才培养质量保障机制的建立上。

第一节　气象事业发展与新型气象本科人才培养的前瞻

一、气象事业发展与人才培养理念

21 世纪以来，气象事业蓬勃发展，呈现出创新驱动、“大气象”格局、公益性与市场化并存、全球化加速等发展趋势。在此背景下，新型气象本科人才培养应尽快转变理念，适应新时期新阶段气象事业发展的需求。

（一）协同创新理念

众所周知，创新是国家兴旺发达的动力源。一个没有创新能力的民族，难以屹立于世界先进民族之林[105]。当前，综合国力竞争归根到底是高素质人才竞争。《国家中长期科学和技术发展规划纲要（2006—2020 年）》（以下简称《纲要》）将自主创新提高到国家战略的高度。《纲要》指出必须把提高自主创新能力作为国家战略，贯彻到现代化建设的各个方面，贯彻到各个产业、行业和地区，大幅度提高国家竞争力。气象事业发展呈现以下几方面的趋势：一是全球变暖给气象事业发展带来新情况。随着气候变暖，极端天气气候事件出现的频率显著增加，强度显著增强，气象灾害带来的生命财产损失越来越严重。习近平总书记在新中国气象事业 70 周年之际作出重要指示，要求加快科技创新，做到监测精密、预报精准、服务精细，推动气象事业高质量发展，提高气象服务保障能力，发挥气象防灾减灾第一道防线作用。二是高新技术的快速发展和应用给气象事业发展带来新的机遇。随着气象观测仪器和观测方法的发展，观测自动化技术不断提高，人工观测逐步被自动观测所代替，观测系统转型进入新的阶段，对观测技术装备、观测自动化水平以及信息处理提出新的要求。先进的气象卫星与雷达，先进的遥感技术以及大数据、物联网和人工智能的运用，使气象观测向智能化观测发展，新装备和智能化使气象观测呈现出综合应用的特征，对从业人员的知识结构体系提出新要求。信息技术快速发展为转变气象预报业务发展方式增添了新动力，应用云计算、大数据、互联网+、智能化等现代信息技术，促进气象预报业务向无缝隙、精准化、智慧型方向发展。构建智慧气象赋予了气象现代化的新内涵，对全面提升气象预报业务技术提出了更高要求。三是学科间深层次的交叉融合成为气象科技发展的新动力。气象行业的内涵和外延的变化对气象学科专业建设和人才培养提出了更高的要求，更加突出学生业务动手能力运用，更加突出气象学科专业与其他自然学科、工程学科之间交叉与融合，更加突出学生综合素质培养。四是各类合作的广泛开展为气象事业的发展注入了新的活力。气候变化是全球性事务，需要国际通力合作。这些合作为气象人才培养提供更广阔的空间。

总之，气象事业发展的新趋势迫切要求转变气象人才培养理念，适应国际气象事业发展新动向和新需求。只有拥有持续创新能力和大量高素质人才资源，才具备发展气象事业的巨大潜力；如果缺乏全方位的创新意识和创新能力，就将失去重要的发展机遇。

正因如此，2012 年国家启动了“高等学校创新能力提升计划”（简称“2011 计划”）。“2011 计划”不仅仅是高校科研发展计划，更是一种以“协同创新”为指导思想的高校发展战略，目的是通过高等学校与科研院所、行业企业、地方政府等各方面的深度合作，推动高校发展方式的转变，成为整个社会创新的源头和基础[27]。上述变化促使人才培养从单一主体变为协同创新，形成新型的人才培养模式——协同培养模式。协同培养模式实质是在协同创新理念指引下，行业企业、科研院所以及高校等不同主体各自发挥相应的作用，构成一个开放动态的人才培养系统，有效实现学生的知识、能力以及素质的增值，达到人才培养的协同效应。所谓的协同效应就是各个主体通过深入合作和资源整合，产生系统叠加的非线性效用，也就是所谓的“1+1>2”效应，起到增效作用，完成单一主体所无法达到的效果[106]。

（二）“大气象”理念

21 世纪以来，大气科学学科间深层次的交叉融合成为气象科技发展的新动力，气象科学研究已不再仅仅局限于大气科学或地球科学等自然科学内部，而是与社会科学、可持续发展、外交乃至军事、国家安全等领域相互交叉、深度融合，“大气象”格局开始形成。这种变化所带来的不仅仅是大气科学研究视野的扩大和研究触角的延伸，更深刻地反映出科学界对天气、气候和气候变化的认识更为全面、系统。而且随着这种趋势的进一步扩大，大气科学对其他学科的贡献以及大气科学利用其他学科的成果促进自身问题的解决能力都会得到提高。而与此同时，随着经济社会的快速发展，各行各业对气象服务的依赖越来越强，行业气象比如农业气象、航空航天气象、交通气象、旅游气象、能源气象、海洋气象、军事气象等发展呈现蓬勃之势，对高质量气象服务的需求更加多样化，气象服务的覆盖领域越来越广，呈现出精准化、多元化特点（图 7-1）。[37]

以上趋势使得高校气象本科人才培养的内涵愈加丰富。从国际上看，欧美国家高校中大气科学专业课程教育和人才培养理念在发生着重要变化并呈现出“大气象”人才培养趋势。一方面，开设大气科学专业的高校大多是综合或研究型大学，这就使得这些学校有可能将大气科学课程更好地放在多学科，尤其是海洋、地球物理、水文和环境资源等学科的背景下开展，使学生获得了更广泛的相关知识和研究技巧，有效地提高了教学质量。另一方面，高校的大气科学和相关学科教育已经与更多的机构，如联邦政府、学术组织甚至企业建立了广泛的协作机制，这种协作机制的建立使学生能够立即融入各种工作环境之中，更有效和更快速成才[15]。“大气象”发展趋势及格局要求高校培养的人才不再过分强调“知识型”为主的“专门化”人才，而应重视素质教育，强调自然科学、技术科学和人文社会科学相结合，具备个性化、现代化、市场化、国际化和创新潜质的高素质人才。新的人才培养理念应注重多方面协调发展[107]。通识教育与专业教育协调发展，旨在夯实学生宽厚的基础并培养学生一技之长，使其具有适应未来挑战的发展潜力。人文教育与科学教育协调发展，旨在将科学精神与人文精神融入培养过程，培养和谐发展的高素质人才。理论教育与实践协调发展，旨在促进学生理论修养和实践能力的综合培养。共性教育与个性教育协调发展，旨在促进学生全面发展和个性发展。

（三）多元化理念

气象服务一直被看作是完全免费的公共产品，向政府机关、社会公众及国民经济各专业部门提供。1985 年以前，我国气象部门一直免费提供气象信息服务，而服务的内容，基本上是已开展业务的直接产品，如中期、短期天气预报，雨情（旱情）分析等。但是，随着社会经济发展和气象科学进步，人们越来越了解和重视气象服务的经济价值和社会效益。首先人们对气象服务产品的需求日趋多元化和专业化，其次气象服务的领域不断拓宽，除了为社会公众在日常安全和生活质量等方面提供信息保障，为政府机关在灾害防御和经济发展等方面提供决策依据等传统功能以外，气象服务开始承载越来越多的专业化职能，原来单一的公益性

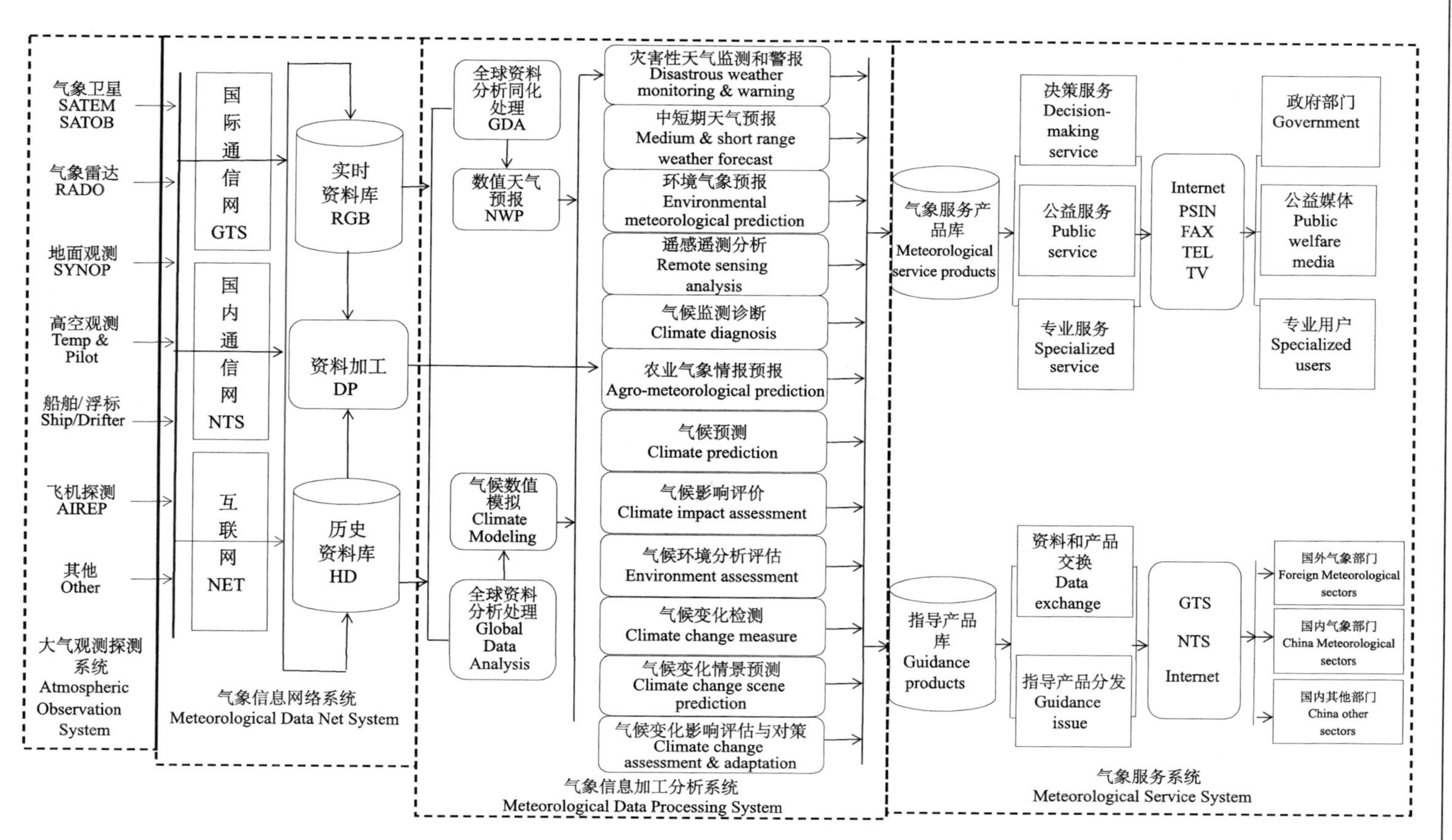

图 7-1　现代气象业务拓扑图

气象服务产品很难满足社会各方面日益增长的需求（图 7-2）。因此，“气象服务并非完全或纯粹的公共物品，而有可能表现为准公共物品，部分气象服务甚至具有私人物品的特质。”[108]可以看出在世界经济、社会和气象科学技术不断发展的背景下，气象服务的商品性越来越强，气象服务产业也迅速发展。1985 年中央作出逐步推行有偿服务的决定，我国气象部门开始发展专业有偿气象服务，对农业、交通、建筑等各行业的企事业单位要求提供的专门气象服务开始收费，服务对象涉及农业、渔业、水利、铁路、交通、粮油储运、钢铁、电力、盐业、港口建设、海运、砖瓦生产等行业。进入 20 世纪 90 年代后，各级气象部门除继续开展专业有偿气象服务外，还发挥自身信息、技术、装备、科研和人才优势，向社会提供技术性的服务，如避雷防雷工程设计、安装和计算机、通信技术开发等。和传统的气象服务相比，目前气象服务无论从观念上、工作上，还是服务方法上都有很大不同，这就要求气象人才培养秉持多元化理念，适应气象行业公益性和商业性双重特性，突破单一的专业化人才培养模式，以多元化的培养理念革新培养目标、制度、过程和评价。多元化是高等教育内在规律性的必然反映，也必将在一定程度上解决单一性培养模式的弊端。

图 7-2　公共气象服务面向

（四）国际化理念

当前，全球化的发展推动了对国际化人才的迫切需求，为此，世界各国正在积极探索和实施国际化人才的培养机制。我国气象事业现代化建设已取得令人瞩目的成就，但在某些方面与发达国家还有相当的差距。要在激烈的国际竞争中处于主动地位，要求高校树立国际化人才培养理念。相对于其他行业，气象行业对国际化人才的需求更为迫切。大气科学的主要研究对象——大气及其运动具有明显的全球性特质。它不同于其他学科领域，无论是小尺度的天气现象还是更长尺度气候及气候变化，甚至天气、气候现象对整个社会经济的影响都不只是一个或个别国家的“内部事务”。一个国家和地区的建设和开发活动以及各种自然和人为灾害，通过大气运动，对周边国家和地区甚至对整个地球的大气运动和大气环境都会造成影响。因此，对大气等自然现象的研究与认识需要各国大气科学家的共同努力。伴随着政治、经济和科技的全球化，大气科学也步入了一个新的时代——全球化时代。全球化对大气科学发展最直接的影响就是大气科学的研究对象正逐步由各个国家局地的天气、气候现象及其运动发展到全球天气、气候现象及其运动以及人类活动对天气、气候的影响等。全球气候变暖的趋势及其与人类活动的关系、厄尔尼诺和拉尼娜及其他气候异常、南极臭氧空洞、全球水资源短缺等日益成为国际大气科学研究的焦点。在大气科学全球化的推动下，国际上多边和双边合作计划与项目日益增多。同时由于大气科学的复杂程度和需要解决的课题数量十分庞大，全球性国际大气科学合作项目进一步增多和合作程度进一步加深。与此相适应，其他如留学人员回国、进行访问、互访、举办国际学术会议、参与国际学术会议等各种全球性大气科学合作方式日益丰富。

在全球气候变化背景下，气象学科发展日趋国际化、信息技术飞速发展、国与国之间气象的关联性不断上升，需要提升学生国际化水平[48]。适应大气科学全球化发展趋势的国际化人才应具备以下几种素质：宽广的国际化视野和强烈的创新意识；熟练掌握本专业的国际化知识；熟练掌握国际惯例；较强的跨文化沟通能力；独立的国际活动能力；较强运用和处理信息的能力；等等。国际化人才的特点决定了国际化人才培养是个系统工程，需要多方面协调。从国家和高校的角度，需要建立起由培养理念、培养战略、培养内容、培养手段、培养对象、师资等方面构成的完整的国际化人才培养体系。

二、气象事业发展与人才培养类型

作为行业特色人才，高校气象本科人才培养应遵循适应于世界气象事业发展新趋势，适应于我国气象事业新型结构、业务技术体制改革和气象现代化建设的要求。就世界气象事业发展大局而言，当下我国高校气象本科人才培养的理念亟须变革，传统的基于行业分工而进行的专门人才培养模式面临挑战，培养什么类型的气象人才成为高校必须面对的问题。就国内气象事业发展而言，《国务院关于加快气象事业发展的若干意见》曾指出，到2020年，国家要建成结构完善、功能先进的气象现代化体系，使气象整体实力接近同期世界先进水平，若干领域达到世界领先水平。2015 年教育部和中国气象局联合发布了《关于加强气象人才培养工作的指导意见》，以部门文件形式明确规定了行业与人才培养工作的联系，标志着学校与行业间人才培养合作步入常态化。因此，高校气象本科人才培养应以该文件的精神为指导，紧扣“公共气象、安全气象、资源气象”的主题，面向“完成五项任务、建设八大工程、搭建四个平台”对气象人才的需求，结合实际，调整气象本科人才培养的类型，确定人才培养的目标和重点。

基于国际气象事业发展趋势和我国气象事业发展规划，当前和未来一段时期内所需气象人才类型大致包括研究型、应用型、复合型、国际型四类：研究型人才主要任务是探索、发现气象科技活动规律。应用型人才主要任务是在气象服务的实践领域，把设计、规划方案付诸实施，并具备应用研究能力。复合型人才的主要任务是运用规律进行应用、技术理论研究、开发、规划和领导气象事业发展。国际型人才培养指的是培养面向国际社会、服务世界的综合素质高、能力强的国际化人才。

（一）研究型人才

教育部在 20 世纪末出台的《面向 21 世纪教育振兴行动计划》指出：“在当前及今后一个时期，缺少具有国际领先水平的创造性人才，已成为制约我国创新能力和竞争能力的主要因素之一。”[①] 2010 年 6 月出台的《国家中长期人才发展规划纲要（2010—2020 年）》将突出培养造就创新型科技人才作为国家人才队伍建设的首要任务。创新型科技人才培养的发展目标是：围绕提高自主创新能力、建设创新型国家，以高层次创新型科技人才为重点，努力造就一批世界水平的科学家、科技领军人才、工程师和高水平创新团队，注重培养一线创新人才和青年科技人才，建设宏大的创新型科技人才队伍。培养研究型人才，提高自主创新能力，研发世界领先技术已是当务之急，高校义不容辞。

研究型人才素质结构特点为：理论基础+研究能力+创新思维。这种人才素质结构特点要求首先要夯实基础，及时更新知识体系，对学科前沿充分了解，实行宽口径、厚基础、多学科复合教育；其次要着力培养学生的研究能力，强调发现和创造知识；最后是重视创新思维开发，掌握创新思维法则，养成发散思维，提高思维品质。

① 教育部. 面向 21 世纪教育振兴行动计划. [2018-06-14]. https://www.docin.com/p-1746629150.html。

（二）应用型人才

所谓应用型人才，是指掌握一定的基础理论知识，具有较高综合素质和实践应用能力，适应地方社会经济文化发展需要，能将专业知识和专业技能应用于生产、管理、服务一线实践活动的一种专门人才[109]。应用型人才的本质是“学以致用”，其培养的根本途径是“产学相融”[110]。培养应用型人才是我国高等教育从精英教育向大众教育发展的必然产物,也是与之相应的经济社会发展的必然要求。应用型气象专业人才是国家急需的人才类型，当前和今后社会要求高校培养大量的高素质应用型人才，以保证我国提高气象现代化水平，增强气象服务在国际市场的竞争力。

应用型人才素质结构特点为：专业知识+应用技能+实践能力。这种人才素质结构特点要求知识、技能和能力的紧密结合。在拓宽学生知识面的同时，还要进行专业知识教育，使学生随时掌握最新现代科技成果，实现理论教学与实践应用渗透和融合。此外，还要特别注意实践能力培养和训练，渗透教学全过程，强化动手和应用能力培养。产学合作教育和实训实践环节是培养高素质应用型人才的重要条件。

（三）复合型人才

随着知识经济的快速发展，社会对所需人才的要求越来越高，用人单位看好既“博”又“专”的人才，培养的人才不但要基础宽厚，而且要专业扎实。当今气象事业已不再是单纯的理论研究和天气预报,它包含综合气象观测系统的建设、气象信息共享平台的建设、气象预报预测系统的建设、公共气象服务体系的建设等多方面，与此相适应，对复合型人才的要求更为迫切。而《中国气象事业发展战略研究成果》中指出我国当前复合型人才严重缺乏。高校作为气象专业人才培养的重要基地，怎样设定培养目标、培养方案来培养复合型的气象人才就显得至关重要。

复合型人才素质结构特点：综合知识+复合能力+创业精神。这种人才素质结构特点要求高校以培养创新精神为核心，鼓励学生自主探索和个性发展；以提高专业知识、技能和管理的复合能力为重点，鼓励学生提升复合能力；拓宽基础科学知识领域，在掌握气象专业知识之外拓展知识面；注重科学精神、方法和态度的培养，主要是科学精神的培养；注重社会实践，增强社会活动能力。[111]

（四）国际型人才

国际型人才是指具有国际意识、国际交往能力以及国际一流的知识结构，适应国际交往和发展的需要，在全球化竞争中善于把握机遇和争取主动的高层次人才[112]。随着全球化进程加速，全球性竞争也日趋白热化。当前全球化的发展推动了对国际型人才的强烈需求，为此，世界各国正在积极探索和实施国际型人才的培养机制。当前，我国高素质的国际型人才还比较缺乏，要参与全球竞争，离不开一支高水平、国际型的人才队伍。制定和实施国际型人才培养战略，是我国人才战略的重要组成部分，可以说，培养和利用国际化人才已是摆在我们面前的一项重要课题。经济全球化和区域一体化必然要求人才国际化，而国际化人才的内涵已经拓展为人才构成国际化、人才素质国际化、人才活动空间国际化。国际化对人才需要的多样性要求高校要确立复合型的人才培养目标[113]。气象工作作为科学技术要求高、科技人员相对密集的事业，要在激烈的国际竞争中处于主动地位，就要求气象事业现代化水平再上一个台阶，气象服务质量进一步提高，而要实现这一目标，其中的一个关键是尽快提高人员素质，培养高层次国际型人才。

国际型人才素质结构特点为：专业知识+国际视野+创新意识。这种人才素质结构特点对人才的要求比较高，既要有厚实的专业知识，又要有广博的知识面；同时还要具有国际视野，理解多元文化，具有跨文化交流的能力。国际型人才要树立创新意识，应对和解决复杂的问题。正如有的学者所言："创新是知识经济的灵魂，是知识经济发展的内在动力和源泉。创新能力是各种能力的核心，也是现代社会对人才的基本要求。"[114]除了具备以上几方面素质，国际型人才还要具有较强的运用现代技术进行信息处理和分析的能力，具有健康的心理素质和较强的与人合作的能力。此外，还要有终身学习的能力和素质等。

三、气象事业发展与人才培养规格

根据我国经济社会未来发展的特点和需求，根据气象事业发展规划人力资源开发和人才培养的要求，笔者认为我国气象本科人才培养的基本方向为：专业教育、科学教育与人文教育相融合，促进学生全面协调发展，加强学习能力、实践能力、创新能力、国际交流与合作能力培养，培养适应中国气象事业需要的高素质复合型人才。这样的人才规格在知识结构、能力结构和素质结构上有具体的要求。

（一）知识结构：交叉融合

《全国气象发展“十三五”规划》指出，未来15年科学技术的突飞猛进将为气象事业发展带来良好的机遇。信息技术飞速发展和广泛应用将极大提高气象信息的获取、存储和交换的现代化水平，并为气象信息加工分析提供良好的条件；遥感遥测技术的深入发展将推动大气信息获取向以天基为主发展，探测手段向多元化、系统综合化的方向发展；地球系统科学蓬勃发展，大气科学与相关学科日益融合，多圈层相互作用的理论和方法将取得重大突破；气象预测预报在不断提高准确率的同时，将逐步向地球环境预测方向发展。开展全方位、多层次、系列化、更具针对性的气象服务成为可能。可见，气象事业在科技飞速发展的背景下，与其他学科的交叉和渗透更加明显。

气象专业不仅与数学和物理密切相关，而且与化学、地理、水文、生态、环境等学科都有着千丝万缕的联系。从气象专业发展趋势和特点以及我国气象专业人才需求现状看，必须培养出一大批既有宽广的基础理论知识，又能适应学科迅速发展需要，同时具备创新、开拓能力的各种层次复合型人才[115]。复合型气象人才应具备一定的自然科学与人文科学的基础，擅长气象类的某一领域，同时在广度上了解几个不同的学科，具备多学科交叉融合的特点，能形成气象科学与地理学、生态学、水文学、海洋学、环境科学等领域的交叉融合。这种人才能够突破知识面单一、专业结构不合理等局限，能以复合型思维进行科学研究，能适应世界气象事业发展的新需求，同时能为地方经济建设服务。表现在知识结构上就是要基础化、综合化和前沿化，既要有扎实的基础和宽厚的专业知识，还要从整体上把握气象规律和特征，掌握学科专业前沿知识，了解学科发展的最新动态。

比如，现代公共气象服务业务对人才知识结构的新需求。当前天气预报预测产品服务向气象灾害风险预警和影响评估服务转变。面向防灾减灾、公众、农业农村、城市的气象服务以及突发公共事件应急气象服务等，不再停留在为政府、公众、行业等单纯提供气象预报预测产品以及简单的对策建议层面，而是向气象灾害防御延伸和拓展，评估天气气候事件是否会造成灾害、影响程度如何以及怎样去应对等内容，强化气象灾害预警预报和风险管理。这就要求从事防灾减灾、公众、农业农村、城市的气象服务以及突发公共事件应急气象服务的人才，不仅具备扎实的大气学科知识背景，同时还要掌握灾害学科、经济学科、管理学科、服务学科等相关专业知识，熟悉我国防灾减灾、应急管理等方面的方针、政策和法规，这样才能对气象预报预测产品进行深加工，以满足政府、公众以及行业的防灾减灾需求。

（二）能力结构：创新协作

能力结构是由多种能力所组成的多序列、多要素、多层次的动态综合体。当前，高校扩招导致毕业生就业压力剧增，用人单位更加注重大学毕业生的综合能力素质，从2016年中国人力资源开发网“大学生就业现状及发展2016年度调查报告”调查结果中可清楚地认识这一点（图7-3）。但是现阶段高校对于大学生能力的培养还不完善，能力不足已经导致大学生就业难的问题。因此，应有针对性地强化气象专业学生的综合能力。除了技能型人才所应有的学习能力、实践能力和创业能力之外，还必须兼有理论型人才所具有的创新能力，这种创新能力主要体现在二度创造、二次开发的能力上。具体而言，首先是自主学习的能力。大学时期是学生学习和发展个人潜能的重要时期，也是学习能力养成和提高的重要时期。当今社会是知识经济时代，科学技术迅猛发展，气象专业知识更新很快，只有在大学期间养成良好的自学习惯，才能适应专业知识更新的需求。其次是适应能力。适应能力就是善于根据客观情况的变化及时反馈、随机应变地进行调节的能力。高校气象专业应该有意识地培养学生的适应能力，使其能够根据工作的需要去调整自己的知识结构、能力结构以及行为方式，尽快地具备适应社会的应变能力。再次是实践能力。实践能力是指个体完成实践活动和解决实际问题的能力，它是个体素质的核心要素，需要在实践活动中生成和发展。长期以来，高校气象本科人才培养形成了“厚基础、强实践”的传统，使得气象专业毕业生进入台站工作后，上手快，适应性强。在气象事业发展的新阶段，高校气象专业应进一步重视实践环节，在课程设置、教学模式、评价体系和实践活动安排上强化对学生实践能力的培养。最后是团队协作能力。团队精神和协作能力是完成各项工作的保障。它要求个体有整体意识，考虑整个团队的需要。团队成员之间互相帮助，互相配合，为集体的目标而共同努力。气象专业培养的学生毕业后主要从事气象相关研究和应用工作。无论是科研还是应用都涉及多门学科专业，而一个人不可能完全精通各个方面的知识。因此，发扬团队精神，强化个体间协作，不仅是完成工作的重要途径，也是实现自我能力提升的过程。要培养学生的团队精神和写作能力，就要开设跨学科的综合性课程。采取措施鼓励学生选修课程，培养学生智力的综合机能，提高学生的综合能力，造就更多的综合性人才。

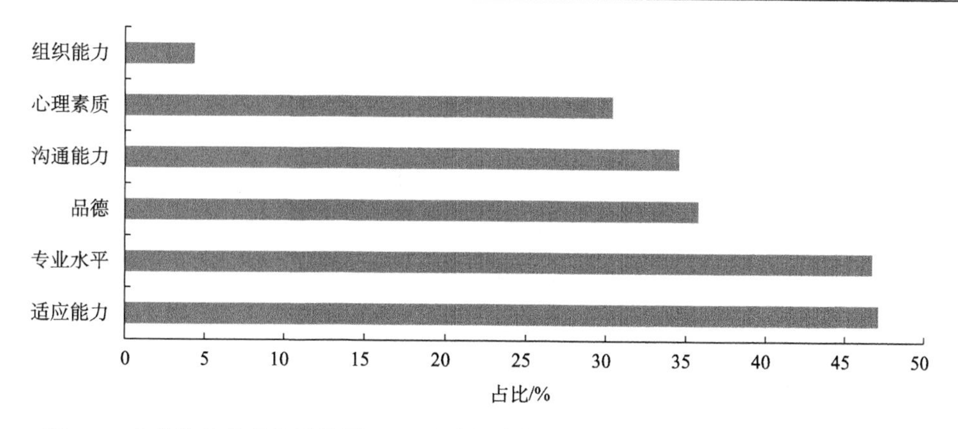

图 7-3　大学生就业现状及发展 2016 年度调查报告（企业看重毕业生的素质及能力）

（三）素质结构：综合多样

21 世纪气象事业的发展和气象服务国民经济发展能力的提升，从根本上说取决于气象专业人才的基本素质和专业素质。因此，提高气象专业学生的素质和创新能力已是刻不容缓的客观要求。气象专业学生素质结构包括思想政治素质、文化科学素质、专业技能素质、身心素质。思想政治素质是大学生素质结构中的主导因素，它决定着大学生自我发展的方向性、目的性和社会行为的自觉性。气象行业与其他行业相比是比较艰苦的行业，要求学生具有较强意志力和艰苦奋斗、献身气象的思想准备和精神品质。文化科学素质是大学生素质结构中的基础要素，对于大学生的思想政治素质、专业技能素质和良好的身心素质的形成和发展，都具有奠基性的意义和影响。文化科学素质是人文社科和自然科学知识的积淀，其内涵要求具有较高文化品位和科学素养。专业技能素质是大学生素质结构中的效能因素，是形成创新意识和实践能力、创造社会财富和社会效益的智能条件，是构成社会生产力的基本要素[116]。业务技能素质要求善于实践和创新，能够驾驭知识，综合分析和解决实际问题。身体素质是大学生素质结构形成和发展的物质基础和自然前提，心理素质是大学生素质结构的枢纽和载体。完善的身心素质应具有健全体魄、健康心理和完善人格。综上所述，气象专业人才素质结构诸要素不是孤立存在的，而是相互依存、有机结合的统一体，缺少任何方面都是不健全不完善的，都难以适应气象研究和气象业务的需要。

第二节　我国高校气象本科人才培养的改革路径

人才培养模式是指在一定的教育理念（思想）的指导下，为实现一定的培养目标而形成的较为稳定的结构状态和运行机制，它是一系列构成要素的有机组合，表现为一系列持续和不断再现的人才培养活动。高校气象本科人才培养模式改革将在微观的路径上得以实现。

一、厘清人才培养目标

人才培养目标是社会对教育所要培养人才的质量标准和规格要求的总设想，它既反映了学校与社会发展之间的关系，即社会发展对人才的需求，又体现了学校与学生个人发展之间的关系，即学生提高自身素质的需求。高校人才培养目标体现着高等教育培养人才的具体要求，合理定位人才培养目标将有助于高校明确办学指导思想，提升核心竞争优势。

（一）根据气象事业发展需要定位人才培养目标

为国家社会经济发展培养合格人才是高等学校的主要任务。随着气象科技的发展和气象服务的拓展，气象已成为国民经济发展的组成部分和有力保障。气象服务领域涉及工业、农业、渔业、商业、能源、交通、运输、建筑、林业、水利、国土资源、海洋、盐业、环保、旅游、航空、邮电、保险、消防等各行业和部门。大气成分分析与预警预报、空间天气预警、沙尘暴天气监测与预报、暴风雪天气监测与预报、突发公共事件紧急响应等气象保障业务和服务从来没有像现在这样受到关注和重视。气象本科人才培养要以《国家中长期教育改革和发展规划纲要（2010—2020年)》和《国家中长期人才发展规划纲要（2010—2020年)》为依据，以“注重基础、强化实践、全面发展、凸显特色”为指导思想，通过“分层分类，复合创新”的培养理念，为中国乃至世界气象事业的发展培养拔尖创新人才，为地方经济社会和气象行业一线培养上手快、后劲足的复合应用型人才，面向国际社会，培养服务世界的综合素质高、能力强的国际型人才。因此，气象教育的人才培养必须符合现代气象发展的需要。

传统的气象本科人才培养目标一般只概略性地说明人才培养的总体要求，缺少对目标内涵进行清晰的阐释。根据我国现阶段气象事业发展的情况，我们认为，高校必须注重培养研究人才和面向气象工作第一线的应用人才。具体而言，未来气象类人才的需求主要分两个层次：一是精英人才，主要在科学院、研究所及气象教育部门从事理论和应用研究及教学，在国家级、省级气象业务部门从事天气动力、大气物理、现代气候业务、气象资源开发利用、气候变化对生态环境影响等重要问题研究；二是应用人才，在气象部门业务一线从事区域气候资源分析和区划，专业气象应用服务、气象信息收集等。对于以上两种人才，高校在培养过程中要注重其创新精神的开发、复合能力的塑造和国际视野的养成，通过专业优化、课程交叉、实践锻炼、国际交流等方式将其培养成复合型、创新型和国际型人才。

（二）根据学校服务面向定位人才培养目标

学校服务面向也是人才培养目标定位的重要依据。不同的高校服务面向不同，因而其人才培养的目标也不尽相同，具有较大的差异性。高校在气象本科人才培养过程中应根据自身的服务面向，科学制定本校人才培养目标。既不能置自己的服务对象而不顾，盲目拔高人才培养目标，也不能过度超前定位人才培养目标，形成育人与用人的脱节。一般而言，服务面向全国的高校，比如北京大学、浙江大学、南京大学、中山大学等，其人才培养的定位应以基础研究与应用研究为主，着重为全国培养基础性人才。而面向地区的高校如南京信息工程大学、成都信息工程大学等应重点培养应用型人才，为地区和气象台站一线培养专门人才。

（三）根据学校学科实力定位人才培养目标

学科是专业发展的基础，学科实力的强弱直接影响着专业的师资力量、实验室条件等教育教学的主要教育资源状况，因此，如果说国家及社会需要是人才培养目标定位的外部因素，而学校服务面向是人才培养目标定位的内部宏观因素，则学校学科实力就是人才培养目标定位的内部微观因素[117]。学校某个专业的人才目标定位主要取决于该校这个专业所包含的学科实力的强弱。由于学科实力的不同，不同层次、不同类型的学校在人才培养目标可以有所交叉，即研究型高校可以有教学型专业，而教学型学校可以有研究型专业。南京信息工程大学大气科学在全国第四轮学科评估中获评 A^+，也是国家双一流建设学科。作为教学研究型大学，其气象专业水平很高，具有广泛的学术影响力。该校发展初期，气象专业主要为地方台站一线培养能力强、上手快的应用型人才。近年来，南京信息工程大学对气象本科人才培养进行了重新定位，培养具有跨学科、国际化、创新能力高的气象人才，既注重学生科研能力的训练，也强化学生实践能力和应用能力的培养，从而让学生获得更为广阔的发展空间。

二、加强协同培养

协同培养实质是各方培养主体发挥各自作用，构成一个开放合作的人才培养系统，有效实现学生的知识、能力以及素质的增值。在协同创新机制建设过程中构建创新人才培养新模式，高校要着重探索建立“开放、集成、高效”的外部协同创新机制，努力突破高校与其他创新主体的体制机制障碍和壁垒。这里结合南京信息工程大学的实践予以论述。

（一）建立多方合作的共建体制

由于教育体制改革以及办学定位的调整和办学规模的扩张，气象人才培养出现了办学资源匮乏、学科发展失衡、行业需求疏离等问题，不能充分满足气象现代化对跨学科创新人才的需求。在新形势下，如何重建与气象行业之间的关系是形成人才培养特色的前提。南京信息工程大学在 2006 年就提出“主动融入、主动接轨、主动服务、全面服务中国气象事业”的发展思路，建立共建机制，加强与中国气象局的联系，重新回归气象行业。2007 年确立了中国气象局与江苏省人民政府共建机制；2012 年，又确立了教育部、中国气象局和江苏省人民政府三方共建机制；2014 年又与国家海洋局签署共建协议。此外，由于气象服务的领域不断拓宽，学校还进一步实现了与中国民航、环保、水利、国防等行业部门的合作，形成了由教育部、行业部委、地方政府和企事业单位等共同支持的“4+X”的共建格局（图 7-4）。

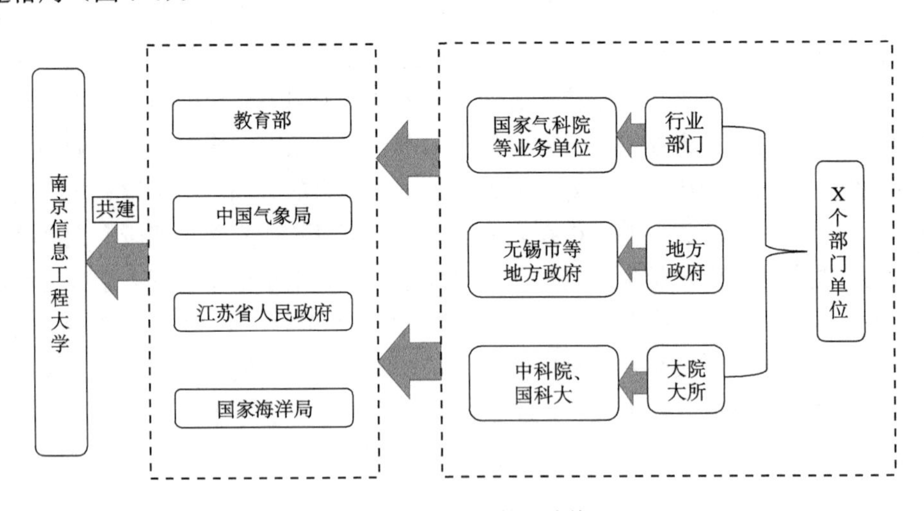

图 7-4　“4+X”的共建格局

（二）建立人才协同培养的长效机制

气象人才培养需要各方共同参加成立的教育教学指导委员会，就专业设置、招生计划、培养方案、教学大纲、课程教材、实习基地、师资互聘等方面开展有效合作。2015年由中国气象局牵头，成立了包括行业与高校在内的气象教育联盟，明确了各方在人才培养中权利和义务，为形成特色人才培养长效机制进一步奠定基础（图7-5）。

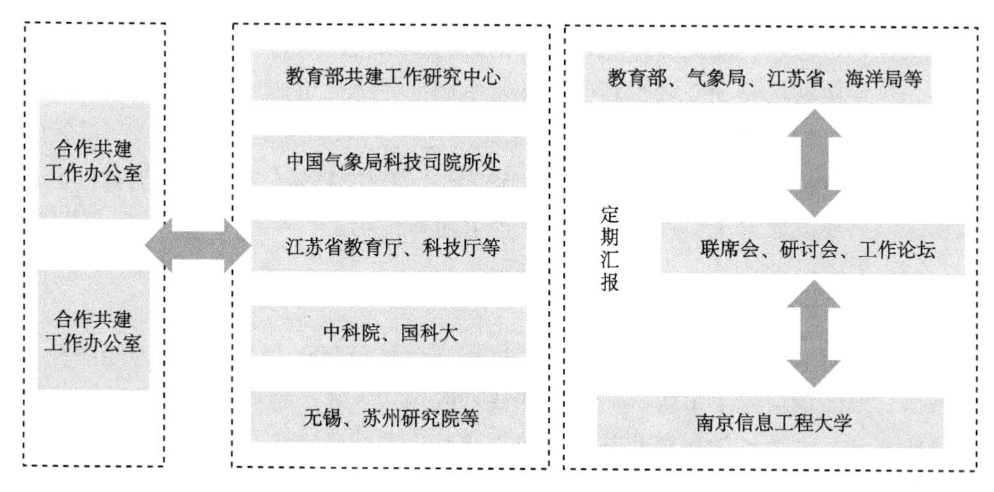

图7-5 部、局、省、所联系磋商机制

2012年国家启动了“高等学校创新能力提升计划”。该计划“不仅是一项以‘协同创新中心’为具体表现形式的科教工程，更是一种以‘协同创新理念’为行动指引的国家战略。它将人才、学科、科研三位一体创新能力提升作为核心任务，旨在推进高等学校、科研院所、行业企业、地方政府的深度合作，不仅在科学研究上探索适应于不同需求的协同创新模式，也在人才培养上营造有利于协同创新的空间、氛围与环境。”[118]南京信息工程大学依托共建体制、突出人才培养特色，是这种协同创新的具体体现，由此气象行业的标准、教学资源、评价体系可以以合作的形式融入学校人才培养的全程，并且通过行业指导、联合培养等方式实现相应的人才培养目标。可以说，协同机制推动了特色人才培养体系的形成。

（三）探索各类协同人才培养模式

1. 拔尖人才培养模式

2017 年南京信息工程大学与中国科学院大学合作培养拔尖创新人才。中国科学院大学作为中科院科教融合的核心载体，是一所以研究生教育为主的独具特色的高等学校，科技创新资源在国内外首屈一指。根据协议，学校与中国科学院大学将在人才培养、科技创新、人员交流等方面开展合作，包括在地理学、环境科学与工程、生态学、农业资源与环境、信息科学与工程等若干学科专业开展合作培养。每年协同培养 300 名本科生。探索本硕博一体化贯通培养，配备双导师，实行“3+3”（本硕连读）和“3+5”（本硕博连读）两种培养模式。长望学院 70%以上的学生有机会免试攻读学术型硕士研究生，其中 15%～20%的学生有机会免试攻读硕博连读研究生，保障优秀学生能够脱颖而出。

2. 校地研究生院模式

与无锡研究院、苏州研究院等单位每年联合培养 200 人，面向地方经济社会和气象行业一线培养上手快、后劲足的复合应用型人才，每年合作培养采用“校企合作办学”、通过学科专业基础以及贯穿其中的实践训练来培养具有较强动手能力和社会适应能力的高层次应用人才，其培养过程注重学科专业基础、产学合作训练以及校企的合作培养。

3. 局校合作模式

深入推进“三百工程”，即聘请百名兼职教授、承担百门课程教学和共建百门教材；与气象部门联合修订人才培养方案，建立一批生源实习基地，让 800 名气象类实习生都能去生源地实习，共同指导实践实习、联合指导研究生等。

4. 海外基地培养模式

在国际知名大学设立海外培养基地，培养服务世界的综合素质高、学术能力强的国际化人才，采用“海外基地”培养模式，保证所有的博士都有机会出国训练。在培养一定学科专业基础和外语训练基础上，将国际化训练培养贯穿其中，培养具有国际视野和能力的国际化人才。培养过程中积极鼓励学生注重学科专业以及外语训练基础，国际交流合作训练以及学术竞争力的合作培养。

5. 中外合作办学模式

依托雷丁学院、WMO 南京区域培训中心等国际化办学平台，引进海外优质办学资源，引进非华裔外籍教师，借鉴发达国家先进的办学理念和办学模式，培养有国际化视野、国际竞争力的拔尖创新人才，打造中外合作办学品牌。每年培养 500 名以上中外合作学生。

三、加强学科专业建设

高等学校的学科专业建设与教育教学和人才培养是密不可分的，加强学科专业建设也是高校气象本科人才培养适应性改革的重要内容。

（一）结合气象事业需求，进行适应性改革

气象事业的发展需要大量适应气象事业发展需求的高素质人才，这种市场需求为气象人才的培养提供了大好机会，气象专业建设和人才培养必须紧密结合气象事业的发展趋势，促进我国气象事业健康快速发展。正如上文指出的那样，气象科学已不是一个单纯的研究大气圈层的学科，而是观测和研究手段涉及地球系统各个圈层，并与社会经济发展紧密相关的综合性学科。因此，在气象本科人才培养计划中，一方面要加强现代大气科学基础理论课程，如动力气象、天气学、数值天气预报、气候统计等的教学；另一方面必须拓宽知识面，加强地球系统科学、可持续发展科学理论的学习，例如可开设地球系统科学、生态学、环境科学、资源学、灾害学、水文学、全球变化及法规理论等课程。此外，在制定课程教学大纲时，要注意把握基础理论课与宽口径知识课程的深度与广度，以适应中国气象事业发展对人才培养的需要。[34]

《国务院关于加快气象事业发展的若干意见》以及教育部、中国气象局《关于加强气象人才培养工作的指导意见》提出了构建整体实力雄厚、具有世界先进水平的气象现代化体系的战略构想，明确了推进现代气象业务体系、气象科技创新体系、气象人才体系建设的任务。气象环境的变化和气象事业的发展对气象专业人才培养提出了新的更高的要求。针对气象防灾减灾科学技术、气象服务科学技术、气象预测预报科学技术、综合气象观测科学技术、应对气候变化科学技术、农业气象科学技术、开发利用气候资源科学技术等关键环节和重点领域，高校可以整合资源，集中力量，重点突破，在若干关键技术领域开拓学科和专业新的生长点，为国家气象事业发展作出更大贡献。

（二）优化学科专业结构，拓宽专业“内涵”

有的学者指出，就适应社会经济发展的需要而言，“学科专业的设置与调整是一种外在形态的适应，而要满足经济社会发展对人才的需要，更应该在人才的内在质量上得到社会的认可。”[119]因此，学科专业调整必须把专业调整与专业内涵建设结合起来，全面提高专业内在质量，不能简单理解为规模和种类等方面的扩展[120]。高校学科专业结构调整应以结构调整为主，扩展专业内涵。一要调整专业布局，对现有专业进行清理、调整和重组。大气科学和应用气象专业有些专业方向设置雷同或相近，有些专业与需求脱节，还有些专业效益低下，口径过于狭窄，对这些专业要通过关、停、并、转，实行存量淘汰。二要加大专业改造的力度，向大专业、宽口径的专业办学模式发展。这要求扩大大类招生的专业比例，加大共同基础课，拓宽专业面以增强适应性。重点要加强对人才培养模式的优化，加大专业课程体系和教学内容的改革和适应性调整，变“刚性”的课程体系为“柔性”课程体系，通过对学科专业内涵的调整与优化达到调整专业结构的目的，增强人才培养的适应性，提高人才培养质量（图 7-6）。

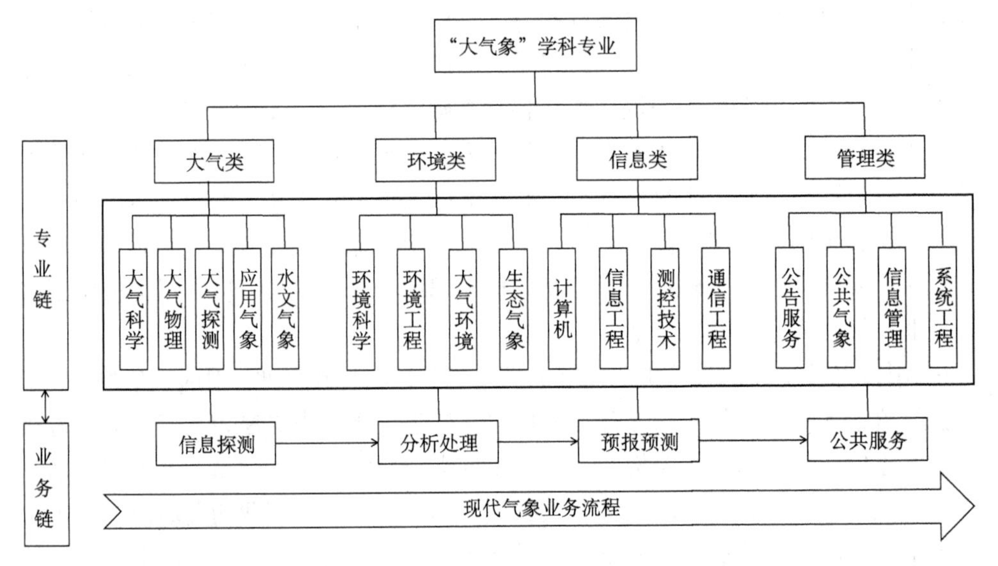

图 7-6　现代气象业务流程

（三）促进学科交叉融合，增强学科自我调适能力

学科交叉融合是知识生产方式变革的要求。“知识的生产方式由传统的以各

学科的内在逻辑展开研究活动的模式，朝向依靠多科参与、超越学科的界限来解决问题的模式发展。知识生产方式的进化，必然对大学的科学研究、学科建设和本科教育提出新的挑战。”[121]《国家中长期科学和技术发展规划纲要(2006—2020年)》指出：“基础学科与应用学科、科学与技术、自然科学与人文社会科学的交叉与融合，往往导致重大科学发现和新兴学科的产生，是科学研究中最活跃的部分之一，要给予高度关注和重点部署。”可见，交叉学科的发展正慢慢引领当代科技发展的主流。目前大气科学跨学科研究已切实涉及了植物学、海洋学、经济学、社会管理学等多方面，包括混沌理论、平流层臭氧损耗和气候变化等方面，而且在学科交叉领域诞生了很多具有高度影响和创新性的研究成果[122]。学科发展的根源在于人才培养，因此，交叉学科的人才培养正越来越受到关注。根据中国气象事业的发展战略研究成果，气象事业发展迫切需要具有大气科学基础理论、地球系统科学知识以及相关社会科学知识的气象类复合创新型人才。如何改变传统单一学科的培养模式，提出新的交叉学科人才培养模式，加强多学科之间相互协调合作，实现科学研究及人才培养等多方面多学科共同协作的优势是目前培养复合创新型人才的重要研究内容。

（四）打造气象工科，引领产业发展

气象学科建设的新突破重点在于打造气象工科，引领气象产业发展。在服务和引领产业发展的过程中加强学科建设，提高人才培养质量。近几年，南京信息工程大学在这方面进行了初步尝试，其经验可以为其他高校借鉴。秉持“优势互补、互惠互利、协同创新、共同发展”原则，先后与江苏集群信息产业股份有限公司和南京中网卫星通信股份有限公司建立产学研合作关系，合作的重点是气象工科。学校与集群公司共建“南京信息工程大学集群软件应用研究院”，与南京中网共建“南京信息工程大学卫星通信研究院”。这两个研究院不同于以往的研究院，而是企业进入高校创办的研究院，其宗旨是探索企业提前介入高校自主创新源头、顺利推进科技成果转化，形成拥有自主知识产权的品牌，服务社会经济发展。全力推进气象工科、科技成果转化与产学研合作发展是南京信息工程大学的目标和方向。近三年来，南京信息工程大学连续实现科研到账经费、课题项目数、科研获奖数等翻番增长。南京信息工程大学与企业共同探索产学研合作创新模式，实现合作共赢，建成国内先进的产学研合作基地，使气象工科等领域成为学校科技创新的增长点，更好地为中国气象事业服务。

四、改革与完善课程体系

当前，教育改革已经深入教学内容和课程体系的改革，需要进行课程观念的变革，课程的教学不仅仅局限于对知识的传授、能力的培养、素质的养成等，更深层的问题逐步得到越来越多的教育者的关注，进行教学内容和课程体系的改革是教育改革不断深入和教育观念不断发展的必然结果[123]。高校的课程体系改革是一项复杂的系统工程，以培养复合创新人才为目标的课程体系改革具有走向综合化的趋势。高校应清晰地认识和把握这种趋势，在分析课程体系存在问题的基础上，做出适应性改革。课程是实现培养目标的重要途径，是根据气象事业发展对复合创新型人才的要求进行完善与优化，具体从以下方面做起。

（一）课程核心理念：贯彻整体知识观思想

德国哲学家雅斯贝尔斯认为，“每一个时代的大学都必须满足实用职业的要求，从这一角度看，它和古老的实用学校是一样的，但是大学却带来了一个崭新的观念，那就是把实用知识收纳在整体的知识范围之内。”[124]20 世纪 80 年代中后期，美国高等教育家对大学课程进行深入的讨论和思考，形成了整体知识观的大学课程思想，以实现完整的大学教育目的。所谓整体知识观，即认为全部知识是相互关联的，并且可以整合为一个统一的知识体系[124]。在课程体系设置上，整体知识观强调打破传统的学科知识结构体系，将相近的知识内容进行重新构建，为学生提供超越某一学科或领域局限的思维模式。贯通通识教育与专业教育的整体知识观，已经成为国际课程改革的核心理念。美国课程改革的理念对我国大学课程建设有着重要的参考价值，因为当前我国高等教育发展也面临着美国高等教育在发展和改革过程中曾经遇到的挑战。

对于高校气象专业而言，大气科学的发展已经迈入一个多学科交叉发展的新阶段，它要求有全球系统的整体观。正如生态系统一样，所有学科与其所处的环境构成了一个复杂的学科体系。南京信息工程大学在学科建设过程中适时引入生态学相关概念，将学科体系视为一个生态系统，分别以个体（学科）、种群（相近学科组成的学科群）和生态圈（不同学科群的共同体）作为培养和治理对象，以促进学科的整体发展、协调发展、开放发展和可持续发展，经过整体谋划和有效投入，学校已初步建成以大气科学学科生态群为核心、以信息类学科生态群、环境类学科生态群和管理类学科生态群为支撑的学科生态圈。在综合改革试点期内，该校将进一步完善制度，加大投入，推动以大气科学为核心的学科生态圈健康良性地发展，形成既有高峰，又有高原的学科格局（图 7-7）。

图 7-7　大气科学相关学科体系

课程的综合化可以扩大学生的视野，改变传统的思维模式，有利于培养学生整合的视野和价值观。气象教育应贯彻体现整体知识观思想，将普通教育课程融于专业教育之中，将课程建设成为一种整合的跨学科的和基于研究的课程体系，使教学内容尽可能系统、连贯并形成一个整体。

（二）课程设置：发展跨学科项目

目前，不同学科的相互渗透正在促使大气科学的发展日益趋向综合，一些重大的大气科学课题需要通过有关学科科研人员合作研究才能得以解决。国际地学发展的一个重要趋势也是开展多学科研究交流，在发展交叉学科的基础上取得进展。这种学科的交叉和相互渗透，已经并将继续促进大气科学的发展。因此，课程改革贯彻整体知识观，应突出通识教育理念，发展跨学科项目。通过在通识教育课程体系中增设具有跨学科性质的连接和沟通专业教育和通识教育的“中介类型”或“桥”类通识教育课程，使通识教育课程与主修专业课程形成一个彼此间相互关联的完整课程体系。基于此，在气象专业课程体系中设置相应的课程模块，如公共基础模块、学科基础模块和专业模块是可行的路径。公共基础模块强化基础，在模块中设置增加公共必修课的课程数量，满足不同层次学生个性发展的需要。专业基础课“地球科学概论”、“大气科学概论”、“大气物理学”和“气象学”等课程的设置要有助于培养学生持久的学习能力和构建合理的知识结构。专业主干课程和专业选修课程应适当压缩并优化内容。应合理确定公共基础课、专业基础课和专业课的比例，为学生自主学习拓展空间（图 7-8）。国内开设气象

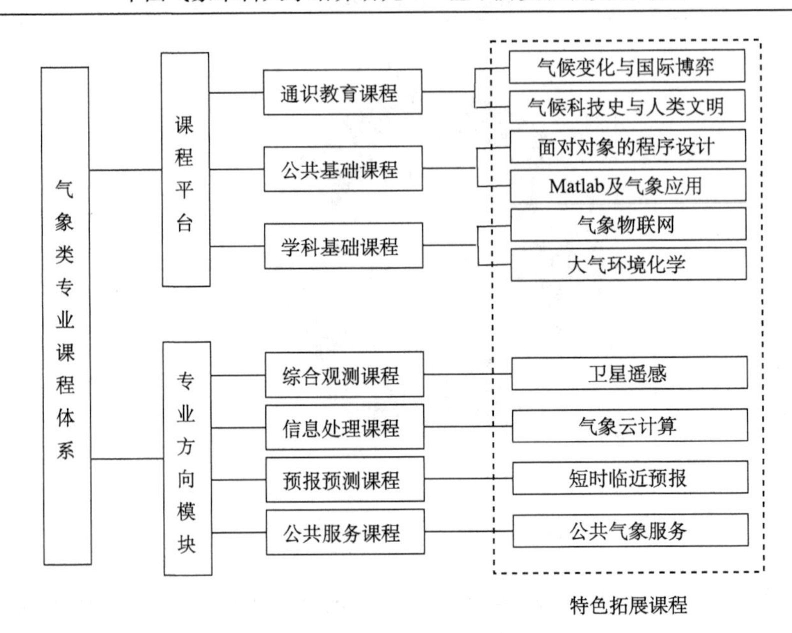

图 7-8　气象类专业课程设置情况

专业的高校如北京大学、南京大学、南京信息工程大学、中国海洋大学、浙江大学等已经注意到三者在教学计划中的比重（表 7-1）。按照整体知识观的要求，其中公共基础课的比重应该进一步加大。

表 7-1　12 所高校大气科学必修数理类和气象类课程学分及学时统计

高等学校	必修课程学分		必修课程学时	
	数理类	气象类	数理类	气象类
北京大学	49	18	735	270
南京大学	41	29		
南京信息工程大学	37	41	588	672
兰州大学	44	36	810	666
中山大学	37	31	666	558
中国科学技术大学	67	22	1494	440
云南大学	42	29	752	496
成都信息工程大学	29.5	38.5	472	616
中国海洋大学	46.5	27	784	448
浙江大学	34.5	34	552	544
解放军理工大学	28	51.5	560	1170
中国农业大学	40.5	48.5	736	632

（三）课程结构：更新课程内容

课程结构优化是课程改革的重要方面。课程结构优化主要体现在两个方面：一是提高课程的集成度和整体性，加强课程的内在逻辑和联系，强化学生解决问题的能力。以往的气象专业课程结构松散，关联度不强，不利于学生知识整合和智力发展。在当前大气科学综合化发展的背景下，提高高校气象专业低年级课程的集成度和整体性显得尤为必要，将为培养复合创新型气象专业人才打下坚实基础。二是改善课程结构，淘汰与社会和市场脱节的内容，吸纳最新的科学知识。课程的创新价值应当是课程本身所具有的功能，课程内容能够体现最新知识和最新内容，使学生能够在较短时间内，以较快的方式学习到最新知识和最前沿的科学和技术。大气科学发展日新月异，知识更新的速度也越来越快，这就要求气象专业课程能够体现大气科学发展的最新态势和内容。优化课程结构的路径是按照基础扎实、内容更新、整体优化、加强能力、提高素质的思路，以课程体系改革和教学内容改革为核心，大力实施优秀课程建设工作。在课程建设工作中，按照精品课的标准，制定切实可行的课程建设规划，通过定期评估、检查等措施，大力加强课程建设工作。[125]

（四）课程体系：凸显个性化

众所周知，课程建设质量决定着人才培养质量，因此加强气象类课程建设，优化课程体系对于气象专业人才培养具有重要意义。具体路径是通过构建“平台+模块+特色”课程体系，实施人才分类分流培养。所谓“平台”课程，是指高校为提高学生专业选择过程中的弹性，分别按理、工、文、管四大类搭建公共基础课程平台和部分学科基础课程平台。它是保证学生专业学习的基础，也是教学学业标准的基础。所谓“模块”课程，是指学校按照有利于分类分流培养和发展学生个性的原则创建的模块化课程体系，具体包括：若干专业方向课程模块，素质拓展课程模块以及专业任选课程等。其中“素质拓展模块”包括：“技能训练拓展课程模块”、“数学拓展课程”、“外语基础拓展课程”以及“外语国际拓展课程”，为学生选择个性化的成长渠道提供机会。“模块”课程是学生专业学习的导向，是学生个性化发展的保障。所谓“特色”课程是指为凸显行业特色，提高学生就业竞争力，通过优化组合，形成若干气象行业核心课程作为气象特色课程。通过“平台+模块+特色”课程体系的设置，为培养富有创新精神的高素质复合型人才提供了课程的保障（图7-9）。

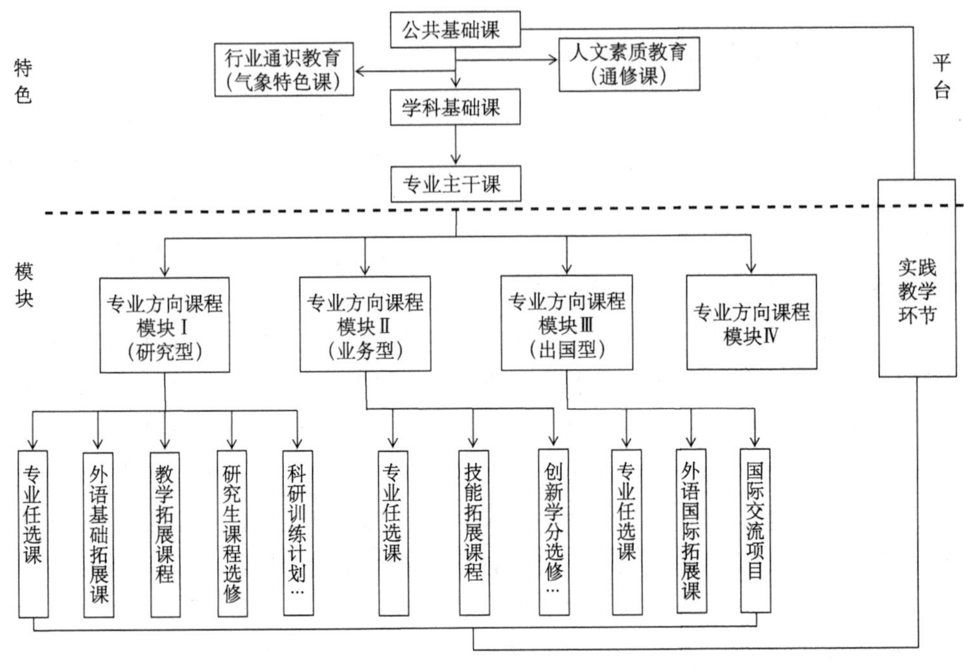

图 7-9　“平台+模块+特色”课程体系的设置

（五）课程评价：多元化立场

课程评价对高校课程的设置和人才的培养有很大的导向作用，在课程设置和实施过程中起着不可替代的作用。但是，我国目前的课程评价体系仍存在着重成绩、轻全面发展的倾向，这明显不符合当今社会对人才培养的要求。而发展性评价正是适应了时代的需求而出现的一种新的评价体系。发展性评价坚持多元化和综合化的评价原则，通过设置多元的评价标准和评价方法及手段，结合成绩检测、实证或综合考核等方法，对学生的成绩评定回归到真正的学习评估上，达到对学生情感学习的心理态度等非量化的内容进行评价的目的，以此反对机械的知识测量，反对以纯粹的学分积累的方式评价学生的学习效果，从而使课程质量不断优化，学生的学习效果不断提高。

第三节　我国高校气象本科人才培养质量保障机制的建立

所谓人才培养质量，是指教育机构在遵循教育客观规律以及人才培养规律的基础上，在既定的社会条件下，所培养的人才满足社会明显或隐含需求能力的充分程度和学生个性发展的充分程度。高校人才培养质量是高等教育质量最主要、最集中的体现。人才培养质量保障机制是指为实现确保和提高人才培养质量这一目标，采取什么样的措施去发挥现有保障体系的作用，使之能更好地为提高人才培养质量服务的动态系统。它既包括对现有保障机制不合理成分的改革，使之不断完善，也包括适应当前经济社会发展及高教改革要求的新保障机制的构建。人才培养质量保障机制是一个复杂的系统工程，是一个多层面多因素共同参与作用的结果。[126]高校气象本科人才培养质量保障机制分为外部机制和内部机制两种，即高校内部教育质量保障机制和政府、社会等对高校教育质量的外部监督保障机制。

一、深化共建体制改革，创新协同合作人才培养体制

（一）形成多方共建格局

共建已经成为行业特色大学管理体制改革的一个创新，是协同培养的基础。很多高校都实现了省部共建或者是三方共建。但是共建有时候更多的是一种荣誉，而不是实实在在地做事，共建应该注重责任意识，做到名实相符，防止共建“空心化”和走过场，有序推进共建协议落地生根。共建需要建立稳定的沟通交流机制，双方相互定期汇报，落实工作；在投入机制上可以开辟行业管理部门向行业特色大学进行资金支持的更多渠道，并通过政策引导，实现更具有实质性的共建。从共建形式上，行业高校不应局限在行业内部，应该树立“大行业”的理念。比如南京信息工程大学的人才培养面对的是气象行业，而现代气象行业已经发生深刻的变化，已不是传统天气预报的单一概念，而是由综合气象观测系统、气象预报预测系统、现代公共气象服务以及现代气象事业管理体系所构成的体系。与此同时，随着经济社会的快速发展，各行各业对气象服务的依赖越来越强，行业气象比如农业气象、航空航天气象等发展呈现蓬勃之势，人才培养应该有针对性。因此，行业高校协同培养应该根据不同情况构建不同的共建形式。

（二）持续推进协同创新计划

高校协同培养模式涉及行业企业、科研院所等不同的主体，因此离不开政府通过各种制度和政策安排来调控。人才培养具有公共产品的属性。没有政府的强有力推动，人才培养模式的改革不会自动转变。政府的作用在于国家目标导向的推动，通过制定各种法律和政策以及提供各种资源来促进协同培养人才模式的建立和完善。很多研究已经表明，德国工程人才培养之所以成功很大程度上是因为

国家为高校提供了足够的资源、平台及法律的保障，明确各方主体的地位、作用和义务权利及其相互关系，让行业企业能够积极参与到高校的人才培养中来。2012年国家启动了“2011计划”，旨在推进高校、科研院所、行业企业以及政府的深度合作，不仅在科学研究上探索适应于不同需求的协同创新模式，也在人才培养上探索协同培养模式。国家和各级地方政府资助了一大批协同创新中心的建设。但是就目前而言，随着“双一流”战略的出台，协同创新的政策有淡化之势，资源和制度上的支持也缺乏一定的连贯性，协同人才培养模式改革面临许多困难。实际上，协同培养人才模式作为“双创”人才培养的一种重要途径，应该进一步融入国家战略中来。协同创新中心作为双创人才以及一流学科和人才培养的重要平台，政府和行业应该以此为资源投入的载体，继续给予专项的资金支持，以完善的制度管理加以保障，引导协同培养深入开展。

（三）明确培养主体权责

协同培养的主体是高校，应该支持由行业高校牵头成立高等教育学会行业教育分会、担任行业教学指导分委员会以及学科评议组主任单位等。由行业高校主导行业高等教育，能更好地服务国家行业发展。以气象行业为例，在教育部领导和中国气象局指导下，由南京信息工程大学牵头，组织成立高等教育气象与环境教育分会，开展气象高等教育研究；由南京信息工程大学担任大气科学专业教学指导分委员会和学科评议组主任单位；开展大气科学学科世界排名、学科气象专业设置与认证研究，发布气象教改开放课题等；在中国气象局指导下，支持由学校牵头，衔接世界气象组织有关规范性文件和我国气象部门基本业务岗位持证上岗制度制定并完善大气科学相关一级学科博士和硕士学位基本要求、大气科学类本科专业教学质量国家标准等。

（四）探索共同治理机制

协同培养是产学研合作在高校人才培养上的体现，实际反映了多元主体共同参与高校发展的趋势。换句话说，协同培养涉及众多利益相关者的共同利益。多元主体参与高校协同人才培养成为必然选择。共同治理是形成稳定协同培养机制的根基。因为治理强调的就是对话、沟通和协商，使不同利益得以调和，并采取联合行动的持续过程。当然每类高校都可以根据自己的实际情况探索不同的治理模式，比如行业特色高校可以进一步深入推进共建模式，在管理体制上可以联合各级政府和行业部门达成共建协议。比如，南京信息工程大学在教育部、中国气象局和江苏省人民政府的共建框架之下，继续深入省级气象局，进一步达成共建协议，更好地对接人才培养需求。其次在中观层次建立起教育联盟或者指导委员会，成为人才培养的咨询和指导机构，建立定期沟通交流机制，协商讨论人才培养的方案、实践基地建设、教材编写、师资互聘等重大事宜。最后，在微观上可以进行课程行业招领、教材共同编写、师资业务培训以及实践基地共建等各类具体合作培养方案。

（五）设计协同人才培养模式

虽然高校协同人才培养是多主体参与模式，但根本主体还是高校，高校应主动承担起人才培养模式创新的主体性责任，尽可能创造更多条件和更多方式。首先是做好顶层设计。人才培养模式涉及众多环节和要素，是一个系统整体，应该在协同创新的理念指导下，弄清楚人才培养目标是什么。协同培养理念不是遵循传统的学科培养理念，而是遵循需求导向的培养理念，应以此制定科学可行的人才培养方案，包括与之配套的专业、课程、教材、教学方法、评价体系等，使之成为一个统一的整体。当然不同层次和类型的高校可以根据自身的办学实际设计不同的培养方案。其次是创新组织方式。在人才培养的组织形式上，高校应该大胆创新组织方式，创造出协同培养的载体。因为传统的学科主导的人才培养模式相对封闭，会形成一种组织边界，隔断了行业需求的真正进入。高校可以成立协同培养学院、产教融合试验区等，构造出新型的培养组织，来集聚行业、科研院所、国外高校等不同的培养力量，让行业链—研究链—学习链能够更好对接，让学生在真实或接近真实的行业应用环境中去掌握知识和提高能力。最后是改善培养条件。协同培养需要相应的条件，包括培养的经费、资源、师资队伍、合作的实习实践场地等。而这涉及一系列权利与义务、竞争与合作、期望与激励等多种复杂的因素。高校要重视对这些复杂因素的调查研究，在此基础上，尽可能改善教育条件，为协同人才培养创设理想的教育环境。[127]

二、构建师资建设创新机制，加强师资队伍建设

教学工作的主体是教师，师资队伍建设是教学质量保障机制的核心。《中国教育改革和发展纲要》指出：振兴民族的希望在教育，振兴教育的希望在教师。建设一支结构合理、相对稳定的教师队伍，是教育改革和发展的根本大计。加强气象专业师资队伍的内涵建设、实施师资队伍国际化战略是构建师资队伍建设创新机制的重要内容。

（一）与气象行业建立紧密的联系机制

1. 积极探索新的合作机制

积极搭建教师奔赴行业一线实践平台，让教师能够有机会参与到产业改革与发展之中；畅通高校承担行业干部、专业技术人员继续教育培训方面的工作渠道，及时接收行业一线人员对于教学内容的反馈；推动研究生导师、气象局科技人才的“双挂、双聘”工作，支持学校教师到中国气象局业务单位、科研机构挂职，密切接触和了解气象局以及院所的业务，熟悉行业需求；在中国气象局人事司的总体协调下，组建由学校与局相关技术专家组成的“气象业务技术教学团队”和“课程组”，邀请局相关技术专家担任大学研究生导师，有计划地安排他们进入学校课堂，为学生、青年教师和培训人员授课，逐步形成互学互助的合作机制。积极开辟行业管理部门向设置气象专业的高校进行师资建设资金支持的新渠道；鼓励行业管理部门以项目的形式在学校建立专项师资进修、培训基金；积极组织实施“柔性流动人才”引进计划，建设一支在行业内具有较高知名度和影响力的高层次行业“柔性流动人才”队伍。

2. 提升教师队伍的内涵建设

内涵建设是教师队伍建设的重要目标。高校是以学科为单元构建起来的学术组织，如果学科建设是高校最基本的建设，学科师资队伍建设则是学科建设的重点。高校可以依托于自己的气象学科群，由高水平的、学术造诣高的教授领衔组建一批在横向结构上横跨不同学科门类，纵向结构上统揽不同年龄层次、职称分布的教学团队，同时吸纳一定比例的行业专门人才作为流动型的教学团队组成成员。这样的教学团队构成能够在不同学科交叉融合中，寻找和催生新的学科发展方向，改变以往“散兵游勇”式、力量分散的科研工作状况，整体提升教师的科研能力，在与行业的融合中激发创新，占领学科发展的前沿领域。

3. 推进产学研一体化

在当今高校激烈的竞争中，高校必须进一步瞄准学科发展前沿，开展系统的、深入的、有战略性和前瞻性的应用基础研究和交叉学科研究，促使教师成为气象行业发展的战略智囊，培养一批有着开阔学术视野、能够准确洞察行业发展趋势的骨干教师，为学校的发展抢占有利行业资源。学校可以根据气象行业需要，整合自身科研优势，与气象行业共建行业发展共性、关键性技术研究基地，力争取得重大科研成果并加速其向现实生产力转化。以培养复合型人才为目标，开展产学研合作教育平台的探索。以基地为平台，与气象行业相关单位直接建立人才培养项目，主动对接气象行业人才需求，通过实践教学反推教学改革，促进师资在教学内容上的推陈出新和教学能力上的不断提高。包括南京信息工程大学在内的国内几所高校已经开始了师资建设与产学研的良性互动，这一良性互动更应成为未来气象专业师资队伍建设的改革趋势。[128]

（二）师资队伍国际化

国际化是高校气象本科人才培养目标之一，培养符合气象事业发展需求的高素质复合型人才，关键要走国际化道路，通过多渠道引进海外高层次人才，从而构建人才培养的师资保障机制。各高校在推进师资队伍国际化方面都有不少举措，相比较而言，南京信息工程大学的师资队伍国际化战略特色鲜明，且取得了初步成效，为国内高校气象专业师资队伍建设提供了典型案例。

南京信息工程大学近几年在人才引进和师资队伍建设方面采取了海内外公开招聘学院院长和学科带头人，引进兼职院长（系主任）和非全时专家，进行海外著名大学、机构的优秀博士（后）定向签约培养，优秀教师的海外博士后培养，优秀科研人员的海外导师合作科研培养，国际办学的课程师资培养，在职教师的海外双导师培养，各类国家、省级的公派留学、交流学者培养，优秀博士和青年骨干教师的引进和培养等一系列举措，取得了良好成效。从中国气象事业和江苏经济社会的高速发展来看，学校打造一流气象学科，亟须解决科学研究原创能力不强、高层顶尖领军人才缺乏等问题，急需通过关键领域团队的引进，以实现重点学科关键领域的重点突破。[129]

1. 创新引智体制机制

在以往“三双制”（即双院长制、双经历制和双导师制）基础上，将继续深化、拓展、创新人才引进（使用）机制。建立“海外院士工作站”。遵循“引进一名院士，带来一个团队，落地一批项目”的理念，推动学校率先建成区域领先、国内一流的国际化高层次人才聚集区。2017 年，率先建立江苏省首个“海外院士工作站”，到 2019 年底，已拥有来自美国、法国、英国、加拿大等国家的 15 位院士。

2. 三个基地育人计划

建立海外课程国际化培训基地，拓宽国际化视野，学习先进的教育思想、教学内容和教学方法，提升教师教学能力；设立海外人才培育基地，开展与海外顶尖大学合作，全球招收优秀博士和博士后定向培养，为学校优秀师资做储备；构建海外科研骨干培养基地，充分利用海外资源，有计划地选拔优秀博士青年教师赴海外著名大学和科研机构从事博士后研究，提高教师科研能力，鼓励科研骨干通过各种渠道开展国际科研合作，培养科研能力，掌握学科先进的科研方向和方法。

3. 整建制优秀团队建设计划

（1）气候模式研发及其应用研究团队。引进海外高层次人才和科技领军人才，培养青年学术技术骨干，形成一支在气候模式研发及其应用研究领域里有特色、国内领先、国际上有重要影响、科技创新能力强的学术团队，使其有能力承担国家重大科技项目，产生一批国内外有影响力的科研成果。

（2）气溶胶-云相互作用及其天气气候效应团队。引进相关学科领域具有重要影响的海外高层次人才和科技领军人才，培养一批学术思想活跃、富有创新精神、具有发展潜力的中坚骨干力量。将本团队建成处于国内领先水平、勇于创新的国家级学科创新团队，形成一支高水平、爱岗敬业、富于创新能力、与国际人才形势和学校及社会发展相适应的、可持续发展的师资队伍。

（3）陆地碳水循环与气候变化团队。引进一批海内外具有重要学术影响的领军人才，同时培养一批在相关研究方向起骨干作用的学术带头人，积极组建一支国际一流、国内领先的陆地碳水循环与气候变化的科技创新团队，产出国际一流的科研成果，强化国家重点学科的优势和特色，提升整体学科水平，奠定学科的国际地位。

（4）水文气象团队。引进海外高层次人才和科技领军人才，促进现有研究方向朝着系统化、规模化、深层次化方向发展，建立和保持本学科在国际、国内的优势地位，形成更具实力的科技创新团队。同时可以争取到更多、更高级别的国际合作、国家级、省部级科研项目，开展更多高层次的研究，产出更多、更好、更高水平的科研成果。在人才培养方面，依托这一团队，进行更全面、更有成效的专业技能培训，为海内外输送高层次的水文气象人才，从而提高行业业务水平，增强我国水文气象科技国际影响力。

南京信息工程大学师资队伍国际化呈现出以下特点：一是校方高度重视，将师资队伍国际化上升到战略发展层面；二是通过项目形式逐步深化国际化进程；三是紧盯国际前沿，打造顶尖学术团队。随着全球化趋势在气象领域的不断增强，各高校应进一步转变发展观念和发展方式，深入推进国际化的发展战略，以尽快在教学、科研和社会服务上同国际接轨，从而进一步拓宽办学渠道，提高办学质量，增强国际竞争力。

三、优化教学管理与运行机制，完善学分制改革

（一）教学管理存在的问题

当前，高校气象本科教学管理过程中存在一系列的问题需要解决：

（1）人才培养模式较为单一。虽然有不少高校正在通过学分制改革气象人才培养模式，但是它们的改革就目前而言还处在试验阶段，缺乏明确的理念和方向。

（2）课程、教师、专业等相关资源匮乏。尤其是高等教育大众化的背景之下，这些问题显得尤为突出，资源的匮乏随着学生人数的激增而成为学分制改革的最为现实的“瓶颈”。

（3）学生自主选择空间狭小。受各种条件的制约，学生面对的是一个较为统一的教学计划，教学计划的改革只是必修课和选修课在数量上的增减，而不是课程体系内知识之间的融合；学科专业之间的分割依然存在，专业口径也没有真正扩大；改革过程中先定专业继而按专业确定课程体系的思路几乎没有进入改革的视野，学生还没有真正具备自主制定教学计划的权利，因材施教的教学计划尚未真正出现，因此选课制不具有实质性意义。

（4）学生缺乏有效的学习指导。一方面学生自主选择空间比较狭小，另一方面，学生在有限的自主空间里如果得不到有效指导，就会存在选修课内容华而不实，选而不修，盲目选课等现象。

（5）缺少学分制需要的内外部配套制度措施。从外部层面而言，高校还没有充分的办学自主权，关键的资源配置还是依赖政府的计划控制，比如招生、专业设置甚至课程体系等方面。学生自身调节资源的能力和范围很有限，高等学校缺乏自主调配教育教学资源的权利，有效的高校自我发展自我约束的机制没有真正建立。从内部层面来说，学分制改革也涉及学校其他各项制度的配套改革，比如教师制度的改革。学分制的核心在于选课，如何鼓励教师开好足量的课也是非常关键的事情。但是现实情况是，一方面高校现在并没有鼓励教师开课的相关激励制度，导致教师教学积极性不高，进而也没有开课的动力，只是当成教学工作量来完成：另一方面教师的工资待遇和开设课程并无直接相关性，教师开设课程的积极性更加不足。

（二）教学管理与运行机制改革

1. 设计多样化的人才培养理念和模式

人才培养理念和模式可以说是学分制改革的“顶层设计”，没有相应的人才培养理念和模式，学分制改革便无法真正实施。高校的构成实际上非常复杂，层次也千差万别，所以高校的人才培养目标是非常多样化的。加上高校的学生生源来源日趋多样，学校已经不可能采用单一的人才培养模式。学校既可以培养一般的专业应用型的人才，也可以在优势学科培养国际化和学术化人才。通识教育和专业教育所占的比重可以针对不同的学科专业而设置。

2. 赋予学生学习自主权与学习过程管理相结合

学分制改革的核心问题是如何保证学生自主选择的同时有效引导学生的学习。不赋予学生自主选择的权利不能称得上是学分制，这也是我国学分制改革一直为人“诟病”的地方。因此，高校一方面应该尽可能扩大学生自主选择的范围和权利，给予学生更多的选择空间，但另一方面又必须加强对学生的学业过程的指导，因为放松对学生学习过程的指导和干预，就会既因资源紧缺而无法向学生提供学分制所倡导的足够的自由，又因丢弃学年制下严格的质量监控而无法保障本科教育应有的质量。在实施学分制改革中，必须要付出更多的资源和精力指导学生的学习过程。

3. 开展多种类型教育模式改革

气象人才培养针对人才培养需要可以开展不同培养目标的人才培养模式改革，满足行业人才需求。一是长望学院：实体运行长望学院培养一流学科拔尖创新人才，强化数理和学科专业基础教育，注重通识教育与专业教育、创新教育与专业教育、人文艺术教育与自然科学教育之间的交叉和融合，学院95%以上学生升学或出国留学。二是龙山书院：实施大气科学一流学科大类专业培养模式，课程教学与气象业务紧密接轨，建立生源地实习计划强化实践业务能力，通过“双挂，双聘”加强教师工程实践能力，学校每年进入气象行业的毕业生中占气象行业年度引进人才的50%以上。三是雷丁学院：借鉴世界一流大学办学理念，创新国际化人才培养模式，提高学生国际竞争能力，培养具有国际视野、通晓国际规则、能够参与国际事务和国际竞争的国际化人才，85%以上学生进入世界排名前100 名的高校攻读研究生。四是藕舫学院：是学校的创新创业学院，对接“大众创业、万众创新”的国家战略需求，承担行业产业创新创业人才培养的重任，满足大学生自主学习、个性化发展和创新创业能力培养的需要，培养“有创意、善创新、能创业”的创新创业人才。

四、健全教学质量保障机制，实施质量监控和评价

科学规范的教学质量监控与评价机制，是确保高校气象本科人才培养质量必不可少的环节，是人才培养必不可少的管理机制。一般而言，高校内部教育质量保障体系由输入保障、过程保障和输出保障构成。这个体系实行的是全面性、全过程性、全员性的质量管理。[130]

（一）教育资源输入保障

教育资源输入是教育过程保障的重要条件。它既包括质量意识、培养方案、管理制度等的输入，也包括生源等的输入。

1. 强化质量意识

《国家中长期教育改革和发展规划纲要》指出，教育质量是我国未来教育改革与发展的核心。强化高校气象本科人才培养的质量意识是建立与完善高校教学质量保障的重要内容之一。在高校气象专业扩招的背景下，强化质量意识，对于人才质量提升具有重要的现实意义。高校应通过引导、激励等机制，传播质量信息、奖励质量成就、促进质量观的改变等营造良好的质量保障氛围，使全校上下认识到教育质量的成败关系到能否为国家培养输送合格人才，只有当教学质量成为高校所有成员共同信奉的价值，成为高校成员的内在追求时，才能增强个人工作的自觉性，提升整个学校的教育质量。

2. 建立规范的管理制度

建立规范的管制制度，是教育资源输入保障的重要内容。学校教育质量不仅依赖学校教学过程和资源，而且也取决于学校健全的规章制度和有效的管理。有效的管理制度具有约束激励功能，有利于实现教育质量的提高和学校的可持续发展。当前，我国高校内部质量保障最紧迫的任务，是制定和实施一系列有利于调动教师和管理人员积极性和创造性的政策。其具体构想如下：①以聘任制为核心，推进高水平教师队伍的建设；②以职员制为核心，推进高水平管理队伍的建设；③建立健全教职员工的继续教育制度。

3. 保障生源质量

生源的质量直接影响到毕业生的质量。近年来，随着气象专业生源规模的不断扩大，生源的质量问题成为影响气象事业发展的主要因素。提高生源质量应从考前专业设置、计划制定、宣传咨询，录取过程中档案审查、考生沟通、录取方法等方面入手，找到适合各院校自身特点的方法和对策。其中，学科专业建设是保障生源质量的重要环节。经过多年建设和发展，设置气象专业的各高校已形成了自身的特点，也拥有了支撑自身特点的特色学科。学校可以挖掘特色学科潜力，加强特色学科与传统学科、新兴学科的融合，论证、设置具有学校特色的新学科。同时，学校可以根据考生志愿、社会需求、学生就业方向等情况，设置符合市场需求的学科专业，与用人单位、科研院所合作，尝试专业设置的新途径。

（二）教育教学过程保障

教学质量是整个高校教育质量保障的中心。上文分析到，良好的教育资源是教育质量的重要前提和基础，但这并不意味着拥有良好教育资源就一定能培养出高质量的学生，因为这还取决于对教学过程的控制保障。教学活动是高校培养人才的基本途径，是教育质量保障的中心，教育教学过程改革既包括学科、专业、学制等教学体制改革，也包括具体的教学内容、教学方法、教学手段等教学运行体制改革，具体如下：

（1）改革教学管理与运行机制，实行真正的学分制。教学管理与运行机制是教学过程的重要保障，只有改革教学管理和运行机制，才能保障教育教学的顺利进行。教育管理与运行机制改革，首先应进行学分制改革。应当在学分制的弹性学制、主辅修制等机制的框架内，辅之以现代信息技术和现代化教学手段，推进教学内容、教学方法和人才培养模式的改变。

（2）强化以学生为主体的自主学习机制，全面深化教学改革。学生是教学活动的主体，符合教育教学规律和学习认知规律。因此，深化教学改革的关键在于强化以学生为主体的自主学习机制。主要包括教学内容和教材多样化和个性化，教学方法灵活多样，鼓励学生自主探究和创新思维等。

（3）实行学业导师制，改革和完善学生管理与指导体制。学生管理与指导体制是教学过程的体制保障，对于教学活动的开展具有重要意义。学业导师制是改革和完善学生管理与指导体制的重要环节。学业导师的素质结构包括德才兼备、学术水平高、有思想、有创新意识，主要职责是适应学分制中学生选课、确定专业方向等学习要求；通过学生参与导师的课题研究和实验等方式培养学生的创新意识和动手能力，促进学生综合素质的提高。

教学质量监控体系着重过程控制，对教学质量进行动态评估，找出教学过程存在的问题，发现教学活动中的成功经验，保障和促进教学质量的不断提高。

（三）教育资源输出保障

输出质量保障是气象本科人才培养质量的最后一环，是对输入保障和过程保障成效的一种反映，是人才培养最终质量的体现。输出保障的内容主要包括学生的发展、毕业生就业状况、社会服务、学校的社会声誉等。高校在输出质量保障中，首先应通过毕业生质量调查等方式收集反馈信息，及时修改培养方案、调整管理制度以及改进教学过程等方法促使教育质量提高。其次与气象行业和相关企业建立良性互动关系，将企业的最新要求落实到课程内容，保持和提高专业教育质量，使专业教育适应社会经济发展的需要。

五、创新实践课程管理机制，进一步强化实践环节

实践教学是高校整个教学活动中的一个重要环节。实践教学是指通过实验、实践课程设计、实习、毕业论文（课程论文）等一系列实践性教学环节，巩固学生所学的理论知识，应用理论知识解决实际问题的教学。

（一）实践教学在气象本科人才培养中的作用

预报是大气科学和相关学科教学中重要的起点和归宿。而预报又是最需要进行更多实践，从而认识各种预报问题、掌握和利用所学的相关理论的重要课程。因此，实践教学在气象本科人才培养过程中具有重要的地位和作用（图 7-10）。加强和改革实践教学，既是对人才质量、规格的新需要，也是人才培养规律的客观要求。首先，实践教学是由理论到实践的过渡。通过实践教学环节，学生将所学的理论知识运用于实践过程，做到理论与实践相结合，这是实现培养目标的重要环节。从某种意义上讲，实践教学环节正是发挥了将知识转化成能力的作用，是理论过渡到实践的桥梁。气象类专业的显著特征是实践性强，高素质复合型气象人才的培养必须加强与实践的结合，重视实践性教学环节，如实验教学、生产实习。学生通过实习才能加深对气象理论和基本气象知识的理解和掌握，也只有通过多次的实践练习，才能学会运用天气图、卫星云图等基本工具，分析天气的现状和发展变化的趋势。其次，实践教学是培养学生创新能力的有效途径。创新能力的基础是实践能力，如果没有实践能力，那么创新能力是不可能得到发展的，

实践教学是培养学生实践能力的有效途径。

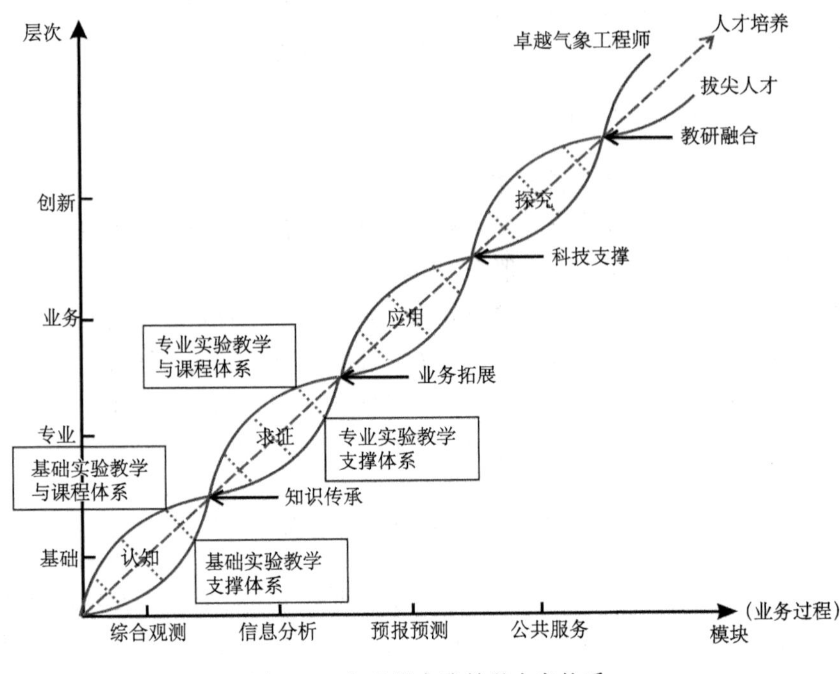

图 7-10　气象类实践教学内容体系

（二）气象专业实践教学中存在的问题

气象专业既是一门理论学科，又是一门重实践性学科，对实践性教学环节要求较高。但据调查，目前高校气象专业的实践教学还存在许多问题。一方面实习实践条件不能满足教学需求。培养复合创新型气象人才，其中一个重要的环节就是实验和实践教学，需要较高的实验条件和设施，但是气象专业先进的实验设备相对缺乏，实验室利用率不高，实习实验经费投入不足，实验室管理人员能力素质有待提高，在实践教学管理上也尚未建立鼓励和支持学生进行科技创新的有效机制。另一方面教学过程中对实践教学的意义和目标还存在认识模糊或认识不够的问题，导致实践教学在实际操作过程中的混乱和不科学。对于实践教学的目标，还未能全面有效地将其贯彻落实到具体的实践教学环节中，培养学生的创新精神和创新能力还不够突出。从实践教学内容看，不少实验教学未及时更新，设计型、综合型、探索型实验比例低，科研训练少，接触最新现代科学技术更少。诸如此类的问题还有很多，需要在新的人才培养模式下调整和解决。

（三）加强实践教学的路径

1. 转变观念，将实践教学纳入人才培养模式整体改革体系

实践教学的改革不仅仅是教学方法和手段的改革，还涉及新的人才质量观、现代气象教育观的转变，是一个系统工程。只有在教育思想和观念转变的前提下，树立正确的人才培养模式，才能确定实践教学的正确地位。正如有的学者所论，实践教学的根本出路在于高等教育人才培养模式的整体改革上[131]。如果不从人才培养模式整体改革的高度审视实践教学，那么实践教学环节就谈不上真正的加强，任何对于实践教学的部分调整都很难发挥实质性作用。在气象事业发展迫切需要高层次复合型人才的背景下，当前高校在推进教学与科研、生产相结合等方面的改革中，逐步建立起融传授知识、培养能力、提高素质为一体的培养机制，注重培养基础扎实、知识面宽、能力强、素质高的复合型人才。教学目的不仅仅在于传授知识和专业学习，而是扩展到培养学生全面发展的能力和素质。实践教学与课堂教学一起完成综合性人才培养的任务，因此，实践教学是新形势下气象才培养模式的重要组成部分。

2. 加强实践环节，从制定新的专业教学计划入手

气象专业教学计划制定的原则是拓宽基础、淡化专业意识、加强素质教育和能力培养。这就要求把实践教学的内容置于整个新的教学计划之中。通过实验和实习课程，学生掌握现代大气科学技术在大气科学工作中的使用方法和优缺点，配合大气科学设备原理和操作的实习实验，更好地掌握大气科学知识，为将来从事气象工作打下坚实的基础。在课程安排上，尝试改变基础课、专业基础课、专业课逐渐递进的课程安排模式，可让部分实验实习和设计课程先行开设。其次，对于实践课程教学计划而言，也应做适度调整，增大选修实验比例。当前，我国高校开设的实验课程基本上全是必修实验，选修实验寥寥无几，这与国外高校重视选修实验的现状形成很大的反差。选修实验的开设是拓宽学生知识面、增强学生适应能力和创新能力的重要渠道。选修实验在教学计划中的缺失，不仅不利于学生个性的发挥，同时在一定程度上还限制了学生动手能力的培养。气象专业和学科的发展以及气象事业的需求要求高校增设选修实验，使学生有机会选择不同类型、不同层次的实验。另外，打破实践课只在计划学时内安排的观念，灵活开展实践教学。例如，可以请气象行业的业务人员和工程师到学校里对学生进行素质、业务指导和考核；高校与各地气象局达成协议，让学生在本科或研究生阶段

多次走进气象部门实习，实现理论知识与实践的结合；有计划安排专业课教师承担项目，提高之后再回到教学岗位，这些举措都会有益于加强实践环节与全面素质教育间的联系。

3. 科学管理，建立行之有效的实践教学管理运行机制

实践教学管理体制问题是制约实践教学质量的重要因素。虽然高校气象专业有着“重实践”的优良传统，但是随着高校办学规模的扩大和学科设置的增多，实践教学条件和设施越来越不能满足教学和科研的需要；加之实验室和实习基地管理上的混乱，更加不利于实践教学资源的合理调配和利用。因此，必须建立一套有效的实践教学管理运行机制，以培养学生创新能力为目标。在实验室管理方面，应打破专业垄断和壁垒，按学科建设要求建立中心实验室，形成实验教学大系统。设置实验教学管理中心，全面协调各中心实验室的教学和管理，实现实验教学资源的合理调配和充分利用。

实习基地建设和管理方面，应加强对校内、校外两个实习基地的管理，发挥校内外的条件和潜力，尽力拓宽学生实践的训练场所，特别应做好与有关单位联合共建相对稳定的实习场所的工作，以确保气象专业人才培养目标的实现和教学质量的不断提高。实践教学基地作为创新能力、实践能力培养的重要平台，在应用型人才的培养中具有不可替代的作用，也是落实人才培养方案的重要保障。在校外实习教学基地建设方面，高校应完善各级气象台等大气科学教学实习基地的建设，使学生的个性化培养、创新能力训练有一个理想的硬件条件和科研环境，使学生能跟上我国气象事业迅速发展的形势，将来更好地为气象事业服务。所以，改革实践教学管理体制，是强化实践教学、培养学生创新能力的重要保障。

以南京信息工程大学为例，通过对与校外实践基地建设分类推进，促进校内和校外实践教学的衔接和统一（图 7-11）。

（1）校内衔接基地：在校内，依托共建体制，学校与行业协同合作，系统建成人才实践技能创新提升基地。中国气象局投入硬件和软件在学校建成了“气象台”（中央台级）、“南京信息工程大学-中国气象局综合观测培训实习实践基地”（国家级大学生校外实践教育基地）、“农业气象试验站”等优质实习实践基地。其中学校气象台可以借助与中央气象台和各省市气象台多媒体远程音视频双向会商系统，使学生更加熟悉台站气象业务布局、技术路线、业务关联和实际业务需求；中国气象局还向南京信息工程大学赠送新一代多普勒雷达、风云四业务系统等大型设备，学校可以接受相关数据，为天气预报、灾害预警等提供重要科研和教学支撑。2012 年“大气科学与环境气象”“大气科学与气象信息”同时成为国

家级实验教学示范中心和虚拟仿真实验教学中心，为学生提供了最好的实验实习的平台基地。

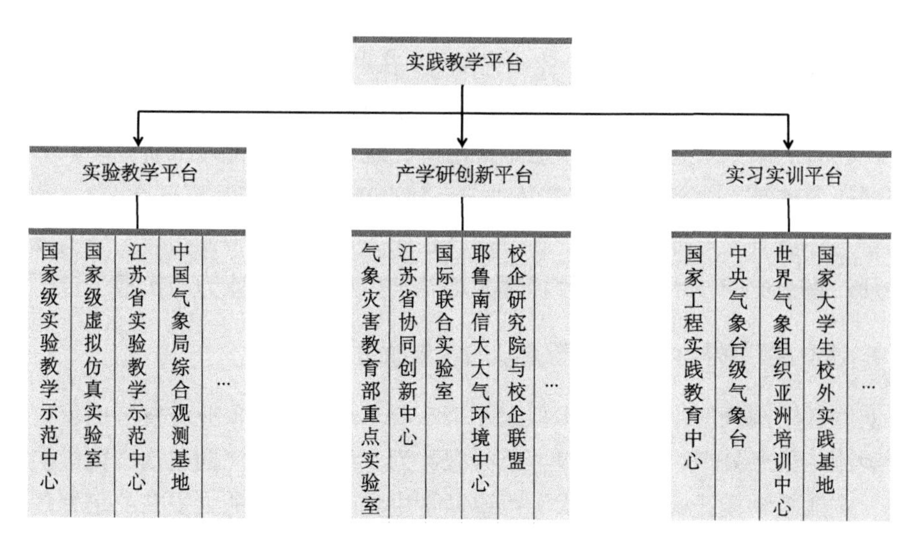

图 7-11　校内-校外协同的实践教学平台体系

（2）校外实训基地：依托共建体制，建成中国气象局各业务中心—省市气象台—地市观测站点三级实践教学基地，为本科生、研究生提供气象预报、气象服务实习以及校外实训实习的场地。中国气象局以及各省市气象局免费提供 600 个实习实践训练的一级台站，提供相应的保障条件。在校外，学校针对学生实习整体上不系统，组织性和计划性欠缺，实习效果得不到保证等问题，协同建立了独具行业高校特色的“生源地实习机制”，即由学校和气象部门共同商定实习计划，配备专门指导老师，设定考核机制，提高实习针对性。气象局专门根据业务流程为学生制定了周密的实习方案和教学计划，学生通过认真实习，熟悉各类预报岗位及职责、规章制度和工作流程，进一步巩固和学习了 MICAPS4、SWAN 等基本操作以及精细化预报平台及其他业务系统使用；了解天气气候背景，学会应用卫星雷达自动站资料制作短时临近预报技术以及气象观测项目、气象环境保护、仪器维护等工作内容。学校已经面向四川、黑龙江、辽宁、江西和陕西 5 省气象部门建立了生源地实习基地。未来生源地实习将实现全国省局的覆盖，让生源地实习制度化、规范化，常态化；同时，进一步探索生源地实习与毕业论文相结合，使一线业务导师“走进来”和学生“走出去”，将实习基地导师与校内导师资源进一步共享，发挥双方资源优势，为学生提供更好的学习资源，切实有效提高本科学生专业实践能力。

（3）校企合作基地：加强“校企合作”，推进实验教学内容与科研及生产实际相结合，积极探索与企业、科研单位相链接的实验实践创新训练，进行实验教学的协同创新，打造一流的特色实验教学基地，强化学生实践能力、创新能力和创业精神的培养。建设“校内企业研究院”。在利用企业实验教学基地的基础上，勇于创新，创造性地将企业引进校内，共建校内研究院，集成学校与企业双方资源，在已有的南京信息工程大学卫星应用研究院、易龙防雷技术研究院、三宝智能交通研究院等 11 个校内研究院基础上，将企业研院规模扩展到 20 家，涵盖大气科学与环境气象产业链的各个环节，将企业人员转化为学校指导学生实践教学的导师，将企业的技术研发平台转化为培养学生科研创新能力的实战平台。

4. 建立实践教学体系，更新教学内容与改进教学方法

实践教学围绕应用型、学术型人才培养要求，按照气象业务发展的流程，即综合观测—信息处理—预测预报—公共服务为主线，构建“四层次、四模块、双螺旋”实践教学模式。“四层次”：遵循学生实践知识和能力提升的培养规律，将实践教学分为认知、求证、应用、探究四个层次，培养相应的实践知识和能力。“认知层次”主要加强学生基本实践理论知识和技能的掌握；“求证层次”强化学生对专业知识的综合理解和操作；“应用层次”着重锻炼学生实际的业务应用技能；“探究层次”激发学生自主学习新技术和新手段的兴趣，拓展学生实践创新能力。“四模块”：在层次的基础之上，将实践教学内容分为基础训练、专业综合、业务应用、创新探究四个模块。“基础训练”在于让学生了解、熟悉专业领域基本的实验仪器的使用、基本的实验方法和过程以及基本技能的训练，正确掌握获取实验数据和把握操作实验的能力；“专业综合”在于让学生在实验室中综合应用所学专业知识验证基本认知得到的知识，启发学生的专业思维，培养专业素养，提高专业能力。“业务应用”在于利用实际的业务平台使学生切身感受实际的业务流程，在初步的业务实践中进一步检验课堂知识，培养实践动手能力；“创新探究”在教师指导下，依据自身的兴趣申报大学生科技立项课题或直接参与教师的研究项目，独立完成实验设计→探索研究→成果总结的全过程，培养学生的科研创新能力。“双螺旋”：在“四层次”“四模块”相互交汇的基础上，学术型人才侧重于培养创新能力，主要参加创新项目和进入导师课题组，而应用型人才侧重于培养技能，主要参加业务实训和天气预报会商。学生可以根据自己的发展方向自主选择。

5. 构建实验、实习和社会实践三位一体的实践教学体系

实践证明，统筹安排实验、实习和社会实践，才能充分发挥实践教学在培养学生创新能力中的巨大作用。因此，应构筑三位一体的实践教学体系，及时更新教学内容并改进教学方法，以实现实践教学效果的最大化。南京信息工程大学在实践教学的探索过程中，建立了科学的实践教学体系，为培养复合型气象人才奠定了坚实的基础，如积极组织学生参加科学研究工作，大力推进大学生科研创新训练计划，加强创新实践基地建设，鼓励学生参加各类学科竞赛、大学生科技创新基金、科技活动、社会实践、社团活动，鼓励学生获得各类职业技能证书，提高学生的创业能力和创新素养，挖掘学生创造能力。通过以上举措，南京信息工程大学的实践教学近年来取得较大成果，为培养复合创新型人才提供了有力的支撑。实践教学内容的更新是加强实践教学环节的重要保证。目前，我国高校大部分实验项目仍停留在对理论知识中基本定义、定理的验证上，而让学生运用所学知识去开发、创造的实验课程却很少开设。因此，今后气象专业应增开综合性、设计性、创新性的实验课程，以培养学生的独立思考和创新能力，以及承受失败的心理素质和处理应变的能力。在实践教学方法上，应集成和整合实习实验类教学内容，形成实验模块，实现理论教学与实践教学有机地结合，知识传授、方法训练与基本技能培养有机结合。此外，实践教学还要引进先进的教学手段，CAI、多媒体、因特网等工具的使用，能使学生在单位时间里获得大量的信息，从而提高实践教学的效果。

综上所述，构建高校气象本科人才培养质量保障体系，仅有高等学校内部自身的教育教学质量保障系统是不够的，还必须有政府和社会对高等学校教育质量的外部监督系统。因此，内外并举，以内为主，以外促内，建立以学校为基础、以社会为重点、以政府为主导的高等教育质量保障体系将是高校人才培养质量保障体系的未来走向。

参 考 文 献

[1] 秦大河, 孙鸿烈. 中国气象事业发展战略研究. 北京: 气象出版社, 2004: 5-22.

[2] 武书连. 挑大学 选专业. 北京: 中国统计出版社, 2008: 12.

[3] 潘懋元. 高等学校的社会职能. 高等工程教育研究, 1986, (3): 11-17.

[4] 刘献君, 吴洪富. 人才培养模式改革的内涵、制约与出路. 中国高等教育, 2009, (12): 10-13.

[5] 约翰·S. 布鲁贝克. 高等教育哲学. 王承绪等译. 杭州: 浙江教育出版社, 2001: 13.

[6] 约翰·亨利·纽曼. 大学的理想. 徐辉等译. 杭州: 浙江教育出版社, 1987.

[7] 亚伯拉罕·弗莱克斯纳. 现代大学论: 英美德大学的研究. 徐辉等译. 杭州: 浙江教育出版社, 2001: 29.

[8] 罗伯特·M. 赫钦斯. 美国高等教育. 汪利兵等译. 杭州: 浙江教育出版社, 2001: 68.

[9] 奥尔特加·加塞特. 大学的使命. 徐小洲, 陈军译. 杭州: 浙江教育出版社, 2001: 55.

[10] 美国气象教育调查简讯. 气象科技, 1980, (5): 8.

[11] 史国宁. 关于气象科技人员教育培训的国外现状分析和几点建议. 气象科技, 1980, (S6): 87-92.

[12] 刘新安. 日本高等农业气象教育状况及其启示. 高等农业教育, 1988, (5): 58-59.

[13] 高学浩, 王卫群. 美国气象继续教育与培训发展的现状与特点. 继续教育, 2005, (8): 73-75.

[14] 李纯成. 国内外高层次现代气象人才培养模式对比研究. 教育现代化, 2018, (39): 5-7.

[15] 袁凤杰, 贾朋群. 发达国家气象教育及其对中国启示的研究. 中国气象软科学结题报告, 2005, (11).

[16] Smith D R, Phoebus P A, Zeitler J W, et al. Meeting report on the eighth AMS symposium on education. Bulletin of the American Meteorological Society, 1981, (2): 305-311.

[17] 周升铭. 高等教育国际化对我国高校人才培养模式的影响及对策研究. 南昌: 南昌大学, 2007.

[18] 李亚萍, 金佩华. 我国高校本科人才培养模式理论研究综述. 江苏高教, 2003, (5): 103-105.

[19] 李兴业. 七国高等教育人才培养. 武汉: 武汉大学出版社, 2004: 147.

[20] 聂建峰. 关于大学人才培养模式几个关键问题的分析. 国家教育行政学院学报, 2018, (3): 23-28, 36.

[21] 杨杏芳. 论我国高等教育人才培养模式的多样化. 高等教育研究, 1998, (6): 69-72.

[22] 何建平, 岳松, 吕伯皆. 关于人才培养模式及其多样化嬗变研究. 高等教育研究, 2003, (2).

[23] 左建桥. 新型大学建设: 多样化的人才培养模式与应对策略. 大学教育科学, 2017, (5): 30-34, 61.

[24] 张岩峰, 王孙禺. 迎接 21 世纪: 我国高等教育人才培养与体制改革研究现状综述. 清华大学教育研究, 1996, (2): 59-67.

[25] 万德光, 王德葳. 高等教育人才培养模式改革研究综述. 中医教育, 1999, (2): 1-3.
[26] 钟秉林, 方芳. “慕课”发展与大学人才培养模式改革. 中国高等教育, 2015, (21): 24-28.
[27] 李北群, 华玉珠. 行业特色高校协同人才培养模式改革: 转型与路径. 江苏高教, 2018, (4): 22-25.
[28] 温克刚. 中国气象史. 北京: 气象出版社, 2004.
[29] 李宪之. 现阶段的中国气象教育工作和将来展望. 气象学报, 1951, (1): 15-17.
[30] 马鹤年. 气象现代化建设中的人才问题. 陕西气象, 1984, (6): 1-4.
[31] 谢勇华. 气象教育改革必须适应气象事业的新型结构. 河南气象, 1995, (1): 38-39.
[32] 王梅华, 高学浩, 曹晓钟. 围绕气象人才发展战略加强气象远程教育培训体系建设. 继续教育, 2003, (1): 49-51.
[33] 詹丰兴, 丁若洋, 赖怀猛, 等. 论江西气象培训体系改革与建设. 气象与减灾研究, 2005, (4): 51-53.
[34] 江志红, 吴息, 王梅华. 适应气象事业发展战略的气候类人才培养的思考. 气象教育与科技, 2006, 28(1-2): 1-4.
[35] 杨丰政, 许尝君, 王进山, 等. 基于“协同创新”理论视角的高等气象人才培养模式研究. 价值工程, 2017, (23): 196-197.
[36] 王海君. 我国高层次气象人才培养的问题与对策. 高等理科教育, 2012, (4): 5-8.
[37] 王尧, 王骥. 行业高校特色人才培养的机制创新与实践探索——以南京信息工程大学为例. 北京教育, 2018, (5): 52-55.
[38] 马克思恩格斯全集. 第 20 卷. 北京: 人民出版社, 1971: 523.
[39] 谢世俊. 中国古代气象史稿. 重庆: 重庆出版社, 1992: 5-6.
[40] 郭沫若. 殷契粹编. 北京: 科学出版社, 1965: 1465-1476.
[41] 梅汝莉, 李生荣. 中国科技教育史. 长沙: 湖南教育出版社, 1992: 23.
[42] 谢广山. 试论中国古代职官教育的转型. 江西社会科学, 2007, (8): 111-115.
[43] 晁华山. 唐代天文学家瞿昙譔墓的发现. 文物, 1978, (10): 49-53.
[44] 史玉民. 清钦天监职官制度. 中国科技史料, 2001, 22(4): 331-342.
[45] 司马迁. 史记. 北京: 中华书局, 1959: 255.
[46] 冯晓林. 中国隋唐五代教育史. 北京: 人民出版社, 1994: 171.
[47] 阙勋吾. 中国古代科学家传记选注. 长沙: 岳麓书社, 1984: 133.
[48] 王冰. 南怀仁介绍的温度计和湿度计试析. 自然科学史研究, 1986, (1): 76-83.
[49] 曹冀鲁. 中国乾隆年间的气象仪器及观测记录. 中国近代气象史资料. 北京: 气象出版社, 1995: 267-268.
[50] 洪世年, 陈文言. 中国农书丛刊气象之部——中国气象史. 北京: 农业出版社, 1983: 106.
[51] 孙锦铨. 中国天文气象史上闪光的一页. 自然辩证法研究, 1995, (11) : 49-52.
[52] 中国气象学会. 我与新中国气象事业. 北京: 气象出版社, 2002: 219.
[53] 中国科学院南京分院. 先生之风 山高水长——竺可桢逝世 20 周年纪念文集. 合肥: 中国科学技术大学出版社, 1994: 105-106.
[54] 陶诗言. 涂长望文集. 北京: 气象出版社, 2000.

[55] 中国气象局. 中国气象现代化 60 年. 北京: 气象出版社, 2009: 379.
[56] 李晓新. 中国经济制度变迁的宪法基础. 合肥: 安徽大学出版社, 2011.
[57] 崔建华. 社会主义市场经济. 2 版. 北京: 经济科学出版社, 2004: 19-22.
[58] 黄湘倬, 王德清. 潘懋元“教育内外部关系规律”理论的价值研究. 湖南社会科学, 2010, (5): 181-183.
[59] 王寰安. 我国高等教育体制改革为何成效不足. 高等教育研究, 2011, (4): 30-36.
[60] Trow M. Reflections on the Transition from Mass to Universal Higher Education. Daedalus, 1970, 99(1): 1-42.
[61] Trow M. Problems in the Transition from Elite to Mass Higher Education. Policy for Higher Education, 1974: 57.
[62] 康宁. 中国经济转型中高等教育资源配置的制度创新. 北京: 教育科学出版社, 2005: 107.
[63] 矫梅燕. 关于提高天气预报准确率的几个问题. 气象, 2007, (11): 3-8.
[64] 辛吉武, 陈尚德. 气象防雷工作的知识结构和工作面的开拓浅析. 甘肃气象, 2003, (3): 47-51.
[65] 姚玉鹏, 马福臣. 美国地球系统科学教育概况及对我国地球科学教育的启示. 地球科学进展, 2004, 19(5): 712-714.
[66] Fulker D W, Jacobs C A, Rockwood A A, et al. Infrastructure for Ideas: Unidata as a Catalyst for Change in Geoscience Education and Research. Bulletin of the American Meteorological Society, 2002, 83(1): 25-27.
[67] Kidder S Q, Pietrafesa L J, Croft P J. Why Liberal Arts Colleges Need Meteorology and Oceanography. Bulletin of the American Meteorological Society, 2002, 83(4): 509-510.
[68] 赵惠玲. 当前日本高等教育改革——访日本北海道大学姉崎洋一教授. 大学(研究与评价), 2008, (1): 54-58.
[69] 王龙. 美、德、日三国大学教师流动制度的比较研究. 高校教育管理, 2013, 7(3): 77-82.
[70] 陈丽桦, 陈洪涛. 日本高校师资管理机制探析. 世界教育信息, 2007, (4): 44-48, 95.
[71] 鲍威. 法人化改革后日本国立大学财政管理体系的重构——从“行政隶属型”向“契约型”的转化. 比较教育研究, 2007, (9): 62-67.
[72] 黄爱东. 推进校企合作 加快科技成果转化——兼谈借鉴日本、英国等国家的经验. 厦门特区党校学报, 2000, (1): 31-33.
[73] 田爱丽, 陈永明, 张晓峰. 日本国立大学法人化改革效果分析——以名古屋大学为例. 教育发展研究, 2006, (15): 31-35.
[74] 吴琦来, 魏薇. 日本高等教育交叉学科建设的范例及其启示. 比较教育研究, 2008, (3): 26-30.
[75] 奥巴马提教育改革方案. 世界教育信息, 2010, (4): 5.
[76] 赵学余, 李祥超, 杨仲江, 等. 雷电防护科学与技术实践教学的探索与展望. 气象教育与科技, 2007, (3): 1-4.
[77] 李晓军. 本科技术教育人才培养的比较研究. 上海: 华东师范大学, 2009: 9-10.
[78] 张芝和, 高文丽, 付兆锋. 复合型气象人才: 减灾抗灾的急切呼唤. 中国人才, 2010, (19):

25-26.
[79] 张捷. 学习型高校的人才培养模式研究. 北京: 中国地质大学(北京), 2008: 22-25.
[80] 杨志坚. 中国本科教育培养目标研究(之二)——中国本科教育培养目标的形成(1949—1961). 辽宁教育研究, 2004, (6): 4-17.
[81] 竺可桢. 竺可桢全集. 第 2 卷. 上海: 上海科技教育出版社, 2004: 24-25.
[82] 杨志坚. 中国本科教育培养目标研究(之三)——中国本科教育培养目标的形成（1949—1961）. 辽宁教育研究, 2004, (7): 8-16.
[83] 郝维谦, 龙正中. 高等教育史, 海口: 海南出版社, 2000: 95.
[84] 教育大辞典编纂委员会编. 教育大辞典: 第 3 卷. 上海: 上海教育出版社, 1991: 26.
[85] 何东昌. 中华人民共和国重要教育文献. 海口: 海南出版社, 1998: 178.
[86] 刘小强. 高等教育专业目录修订的回顾与思考. 中国高教研究, 2011, (3): 22-25.
[87] 别敦荣, 王根顺. 高等学校教学论. 北京: 高等教育出版社, 2008: 325-136.
[88] 道格拉斯・诺斯. 经济史中的结构与变迁. 陈郁等译. 上海: 上海三联书店, 上海人民出版社, 1994: 225-226.
[89] 胡建华. 高等教育强国视野下的高校人才培养制度改革. 高等教育研究, 2009, (10) : 1-5.
[90] 成中梅. 学习型高校的人才培养模式研究. 武汉: 华中科技大学, 2008: 24.
[91] 龚怡祖. 论大学人才培养模式. 南京: 江苏教育出版社, 1999: 57-58.
[92] 吴志宏, 冯大鸣, 周嘉方. 新编教育管理学. 上海: 华东师范大学出版社, 2000: 256.
[93] Samuelson P A. The Pure Theory of Public Expenditure. The Review of Economics and Statistics, 1954, 36(4): 387.
[94] 斯蒂格利茨. 经济学(上册). 高鸿业等校译. 北京: 中国人民大学出版社, 1997: 140-141.
[95] 王善迈. 教育投入与产出研究. 石家庄: 河北教育出版社, 1996: 273-274.
[96]阎凤桥. 市场化环境对大学组织行为的影响及其应对策略. 清华大学教育研究, 2005, 26(3): 84-93.
[97] 彭湃. 大学、政府与市场: 高等教育三角关系模式探析——一个历史与比较的视角. 高等教育研究, 2006, (9): 100-105.
[98] 郭歆, 夏晓勤. 我国高等教育市场化的源头和动力——一种新制度主义分析. 清华大学教育研究, 2003, (6): 35-40.
[99] 蒋晓萍. 高等教育的市场化模式走向: 以中国和新西兰为案例. 理论月刊, 2010, (7): 150-154.
[100] 王根顺, 陈蕾. 新中国成立后两次高校合并历史经验的理性探析. 教育探索, 2006, (6): 33-35.
[101] 康宁. 高等教育资源配置: 规律与变迁趋势——学术、市场、政府在优化高等教育资源配置中制衡的约束条件. 教育研究, 2004, (2): 3-9.
[102] 许长青. 公立高等教育筹资市场化: 国际比较的观点. 外国教育研究, 2005, (5): 36-40.
[103] 罗燕. 大学排名: 一种高等教育市场的指引制度的构建——新制度主义社会学的分析. 江苏高教, 2006, (2): 14-17.
[104] 王飞，王运来. 中国高等教育“后大众化”时代的分类发展. 学术探索，2018，(2):

138-145.
[105] 朱湘虹, 黄生成. 创新高校人才培养机制. 理论前沿, 2006, (24): 40-41.
[106] 陈浩, 董颖. 略论“政产学”协同培养人才的机制和模式. 高等工程教育研究, 2014, (3): 67-71, 105.
[107] 郭霄鹏. 探索构建地方院校本科创新人才培养体系. 中国高等教育, 2010, (18): 40-41, 54.
[108] 陈继华, 徐文莉. 商业气象兴起背景及进展脉络. 商业研究, 2009, (12): 162-166.
[109] 蔡娟. 略论地方本科院校应用型人才的培养. 教育导刊, 2010, (6): 48-50.
[110] 李北群. 产教融合试验区的创新与实践. 中国高等教育, 2017, (8): 25-26.
[111] 王平详. 研究型农业大学农科本科人才培养模式研究. 武汉: 华中农业大学, 2006: 30.
[112] 张华英. 人才国际化与国际化人才的培养. 福建农林大学学报(哲学社会科学版), 2003, (4): 81-83.
[113] 吴立保, 管兆勇, 郑有飞. 行业特色型高校国际化人才培养模式的探索与实践——基于南京信息工程大学的案例研究. 长春工业大学学报(高教研究版), 2011, (1): 3-5, 137.
[114] 李庆领, 吕耀中. 论国际化人才培养的意义及策略. 青岛科技大学学报(社会科学版), 2007, 23(2): 101-104.
[115] 杨德保, 王式功, 张武. 大气科学复合型人才需求和培养措施. 高等理科教育, 2003, (5): 126-129.
[116] 殷炳江. 试论大学生素质结构的基本内涵与培养. 松辽学刊(哲学社会科学版), 2000, (4): 37-39.
[117] 范守信. 现代农业发展的背景下高等农业本科人才培养的研究. 扬州: 扬州大学, 2006: 50.
[118] 李金龙, 张淑林, 裴旭, 等. 协同创新环境下的研究生联合培养机制改革. 学位与研究生教育, 2014, (9): 30-34.
[119] 许丽英. 当前高校学科专业结构调整存在的问题与对策. 福建农林大学学报(哲学社会科学版), 2006, (2): 66-70.
[120] 舒扬. 高校学科专业结构调整与人才培养. 广西社会科学, 2013, (4): 170-172.
[121] 郭德红. 美国大学课程思想的历史演进. 北京: 中央编译出版社, 2007: 175.
[122] 美国国家科学基金会资助大气科学研究战略指导. 气象软科学, 2007, (B05): I0003-I0005.
[123] 张樱. 面向 21 世纪之中国高等教育课程体系的改革. 清华大学教育研究, 1999, (2): 140-143.
[124] 卡尔・雅斯贝尔斯. 什么是教育. 邹进译. 北京: 生活·读书·新知三联书店, 1991: 176.
[125] 孟瑾, 王小德, 马进. 21 世纪农林院校园林专业课程体系构建与探索. 中国林业教育, 2007, (2): 14-16.
[126] 刘方. 高校扩招中人才培养质量保障机制研究. 成都: 四川师范大学, 2002: 12.
[127]李北群, 华玉珠. 行业特色高校协同人才培养模式改革: 转型与路径. 江苏高教, 2018, (4): 22-25.
[128] 吴霞. 行业特色高校师资建设所面临的问题及对策探讨. 北京电力高等专科学校学报(社会科学版), 2010, (5): 36-37.

[129] 李廉水. 推进师资队伍国际化 深化高教综合改革. 中国高等教育, 2014, (11): 19-22.
[130] 张静. 比较视野中的我国高等教育质量保障体系研究. 西安: 西安电子科技大学, 2007: 43-44.
[131] 张立强, 何若全. 加强实践教学 全面提高学生素质. 高等建筑教育, 2009, (2): 34-35.

后　　记

纵观人类发展的历史，社会的发展、科技的进步无不依赖于人才提供的精神动力和智力支持，气象科技的发展概莫能外。

在气象学科尚未诞生之前，人类即已开始有意识地培养相关的人才。即便是在原始社会，以促进生产、服务社会为目的的气象知识的积累和传播也从未间断。到了奴隶社会和封建社会，气象人才的培养渐与意识形态领域的斗争联系起来，气象科技知识也逐步与维护君主专制的“天人合一”的天道观杂糅在一起，中国的气象科技逐渐脱离理性的轨道。而气象人才的培养和气象科技知识的传播也逐步被统治阶级所垄断。进入近代以后，随着生产力的发展和科技的进步，气象学科逐步从与之相关的物理、化学等学科中分离出来，从而有了近代意义上的气象人才培养活动。中国的近代气象人才培养最初是借助西方在华设立的相关机构开展的。但通过这种方式培养的气象人才知识结构单一，技术水平也不高，仅能从事一些简单的气象观察和分析工作。中国真正意义上的近代气象本科人才，主要是借助西方国家的高等教育培养出来的。那些从国外留学归来的气象人才将自己的所学通过近代中国的高等教育机构传播开来，实现了气象科技知识与科技教育的本土化。中华人民共和国成立后，政府高度重视气象业务及相关人才的培养，逐步建立起一套由短期培训、中等专业教育和高等教育构建的气象人才培养体系，并先后成立了南京气象学院、成都气象学院、北京气象学院等气象行业本科院校，有力地促进了气象本科人才的培养，推动了中国气象事业的现代化进程。

进入 21 世纪，科技的发展，社会的进步，已成为时代的主旋律，其对气象事业的发展提出了新的更高的要求。而气象事业也凸显出新的发展趋势和特点，逐步树立起“公共气象、安全气象、资源气象”新的发展理念。公共气象是由气象事业的基础性社会公益性质决定的，它反映的是党和政府“以人为本”的执政思想和理念，与人民群众的衣食住行、身体健康、生活质量和生命财产安全息息相关。在当前政治、经济和国际形势下，国家安全已从传统的军事安全和政治安全拓展到经济社会、资源、环境等领域，涵盖国家和社会各领域、各层面的安全。气象事业与这些领域有着不可分割的联系，气象监测预警及气候变化预测预估等科技支撑已成为国家安全的重要保障。资源气象是气象事业贯彻习近平新时代中国特色社会主义思想的必然要求。科学在发展，时代在进步，人类对自然的认识在深化，气象成为可持续发展的重要资源，关于天气、气候监测、预测和评估产品以丰富多彩的形式，快捷地传播到千家万户，已成为全社会实现人与自然和谐相处的生活信息资源。气象事业作为科技型、基础性社会公益事业将对社会可持续发展具有深远的前瞻性作用。

气象事业的这些新的发展趋势，对高校气象本科人才培养提出了新的要求。然而，在高等教育市场化发展的进程中，由于高等教育管理体制、投入机制和评价机制的调整，高校未能及时有效地将气象事业的新的需求反映在自己的人才培养过程中，出现了培养目标定位不准、教学方式简单陈旧、培养制度保守僵化等问题，以致影响了气象本科人才的培养质量，致其在知识结构和业务能力方面难以适应气象行业发展的需要。

通过与国外气象高等教育人才培养状况的比较，并结合我国高等教育和气象行业自身的特点，笔者认为欲解决我国高校当前面临的气象本科人才培养的困境，需从宏观和微观两个层面构建适应性的改革路径。在宏观层面，对我国气象人才培养进行前瞻，要深化协同共建体制改革；在微观层面，要构建新型的气象本科人才培养模式。根据气象行业与相关领域对不同规格、不同类型人才的需求，在教育理念（包括国家确定的教育方针与教育目的）指导下，对气象本科人才培养目标进行恰当的定位；根据培养目标，设计培养规格；根据培养目标与培养规格制定培养方案；根据培养目标、培养规格与培养方案选择培养途径并加以实施。将人才培养模式实施后所反映出来的培养结果（人才培养的类型、规格、质量等）反馈到气象行业与相关领域，接受其对人才培养质量外显特征的评价，即学校向社会输送的毕业生群体是否适应本地区气象事业发展的需要；反馈到学校自身，接受学校对人才培养质量的评价，即学校培养出来的毕业生群体的人才培养质量是否符合学校的专业培养目标的定位；而且，人才培养结果还必须用教育思想和教育观念予以评价。当人才培养结果与社会需求不相适应，或者滞后于社会发展的矛盾和问题凸显时，学校必须围绕人才培养目标、培养途径、培养制度及培养评价等要素进行调整。

综上所述，本书较为全面系统地对我国高校气象本科人才培养的理论和实践问题进行了阐述，并对气象人才培养未来发展提出了对策和建议。在此基础上，笔者希冀本书能更具实践价值，提出了我国高校气象本科人才培养的“大气象”“协同培养”等适应性改革路径。但限于笔者个人的知识结构、理论视野及分析能力，本书尚有诸多不足之处，主要表现在对于资料的掌握尚未达到完全充分的程度，对于问题的分析深度有待加强，解决之策也应更贴合实际。此外，在国际比较研究方面，本书亦有进一步深入探讨的空间。